U0162412

知识进化图解系列

太喜欢相对论了

[日] 大宫信光 著
李菁菁 译

天津出版传媒集团
天津科学技术出版社

著作权合同登记号：图字02-2019-324号

图书在版编目（CIP）数据

知识进化图解系列. 太喜欢相对论了 / (日) 大宫信光著 ; 李菁菁译. -- 天津 : 天津科学技术出版社, 2020.7

ISBN 978-7-5576-7194-5

Ⅰ. ①知… Ⅱ. ①大… ②李… Ⅲ. ①自然科学－青少年读物②相对论－青少年读物 Ⅳ. ①N49②O412.1-49

中国版本图书馆CIP数据核字(2019)第241859号

知识进化图解系列.太喜欢相对论了
ZHISHI JINHUA TUJIE XILIE .TAI XIHUAN XIANGDUILUN LE

责任编辑：刘丽燕
责任印制：兰　毅
出　　版：天津出版传媒集团 / 天津科学技术出版社
地　　址：天津市西康路35号
邮　　编：300051
电　　话：（022）23332490
网　　址：www.tjkjcbs.com.cn
发　　行：新华书店经销
印　　刷：山东岩琦印刷科技有限公司

开本 880 × 1230　1/32　印张 4.25　字数 98 000
2020年7月第1版第1次印刷
定价：39.80元

序

早在爱因斯坦提出相对论以前，就已经有许多科学家经过漫长的摸索，为人类积淀了丰富的智慧。古希腊的阿利斯塔克和 16 世纪的哥白尼提出的日心地动说被伽利略继以传承发展。随后，牛顿在其“牛顿第一定律”中整理了伽利略提出的“惯性定律”，并将“牛顿第一定律”等三个运动定律作为基本原理，完成了牛顿的力学定律体系。

此后，人们将牛顿力学视作科学思考的基础理论，并认为时空是一种绝对性的存在。产业革命时期，所有的技术革新都是在这种观念的影响下开展进行的。我们的确可以说，产业革命时期和此后 19 世纪中叶至 20 世纪初的泛英时代都是因为牛顿力学而趋于领先。

然而，与此同时，英国的法拉第开创先河提出了电磁学，麦克斯韦将该理论进行了完善。随着科学领域不断扩展，人们发现生活中有很多牛顿力学所无法解释的现象。

支撑着整个现代物质文明的牛顿力学，在电磁现象面前却束手无策。当时为了解决这个难题，相关的研究层出不穷。最后，终于诞生了相对论和量子力学。这些理论揭示了牛顿力学在对电磁现象的时间、空间以及因果关系的描述中具有很大的局限性，并打破了时空绝对性的说法。牛顿力学创造的近代生产技术，反过来又向人们揭示了突破牛顿力学的可能性。

狭义相对论于 1905 年提出。此时正是由大英帝国盛极一时的 19 世纪泛英时代逐渐走向 20 世纪泛美时代的过渡期。狭义相对论的提出可以说是象征着这个时代转变的重大事件之一。

狭义相对论携手量子力学，给计算机和通信器材内外的电子及电波运动研究奠定了理论基础，带动了新干线和喷气式飞机等交通工具的发展。尤其是它的能量与质量守恒定律（$E=mc^2$）促进了核弹的出现。就这样，狭义相对论成了美苏冷战时代在背后提供助力的一项“武器”。

但是，狭义相对论存在两个缺点：其一，这个理论只适用于惯性系，无法运用于其他有加速度的坐标系；其二，它无法处理重力的问题。因此，爱因斯坦于“一战”期间的 1916 年发表了广义相对论来弥补这两个问题。

以上，我简单地概述了一下相对论诞生以前的情况。关于此后的发展历程，请读者朋友们慢慢阅读本书的正文内容。

众所周知，相对论极其深奥，其中承载着宇宙时空的神秘以及能量与质量之谜，并非简简单单就能把握其全貌的。事实上，很多人都陷在相对论的理论深渊里跌撞磕碰。

但是，其实相对论仅由“相对性原理”和“光速不变原理”两个理论支撑。所以，如果能够好好掌握这两个基础理论的话，再来理解相对论便会变得容易许多。读者朋友们，希望你们本着这样的思想准备来阅读本书。当阅读过程中遇到难以理解之处时，请一定多花点时间慢慢思考一下之后再继续往下阅读。想必您一定能够在阅读中体会到相对论在我们的日常生活中是何等的不可或缺。最后，希望您能够愉快地通读完本书。

目录
Contents

1 相对论诞生以前的物理学

2

狭义相对论的世界

3

跟随量子力学一起走进微观世界

4

广义相对论的全貌

5

跟随宇宙论一起走进宏观世界

1

相对论诞生以前的物理学

在不受外力作用的情况下，一切物体都会进行匀速运动。换言之，只要外力为零，一切物体都将永远保持其原来的状态，静止的继续静止，运动的则继续沿直线做匀速运动。我们将这种物体的固有属性称为**“惯性”**。**任何物体都具有惯性**，这一规律就叫作“**惯性定律**”。这就是众所周知的伽利略大发现。

这里我们以马车为例，请您回想一下它的样子。马车之所以能不停地前进，是因为马儿在前面牵动着车子，对它不停地施加外力。中世纪欧洲的知识分子都认为这就是亚里士多德（前 384—前 322）曾提出的学说，即只要不断地对物体施加外力，物体的运动就不会停止。

而后，牛顿（1643—1727）将这个惯性定律纳为牛顿力学的第一定律。不过牛顿第一定律实质上主张的是“**这个世界上必定存在着惯性系**”。所谓的惯性系即惯性坐标系，是惯性定律成立的前提。

另外，牛顿第二定律是“**物体在受到外力作用的情况下，物体的加速度方向跟作用力方向相同，加速度大小与作用力大小成正比**”。这个定律只适用于惯性系。

伽利略的相对性原理指出，“**在这个世界上惯性系无处不在**”。**牛顿的力学定律在任何惯性系中都适用成立**。这为后来相对论的发现奠定了坚实的理论基础。

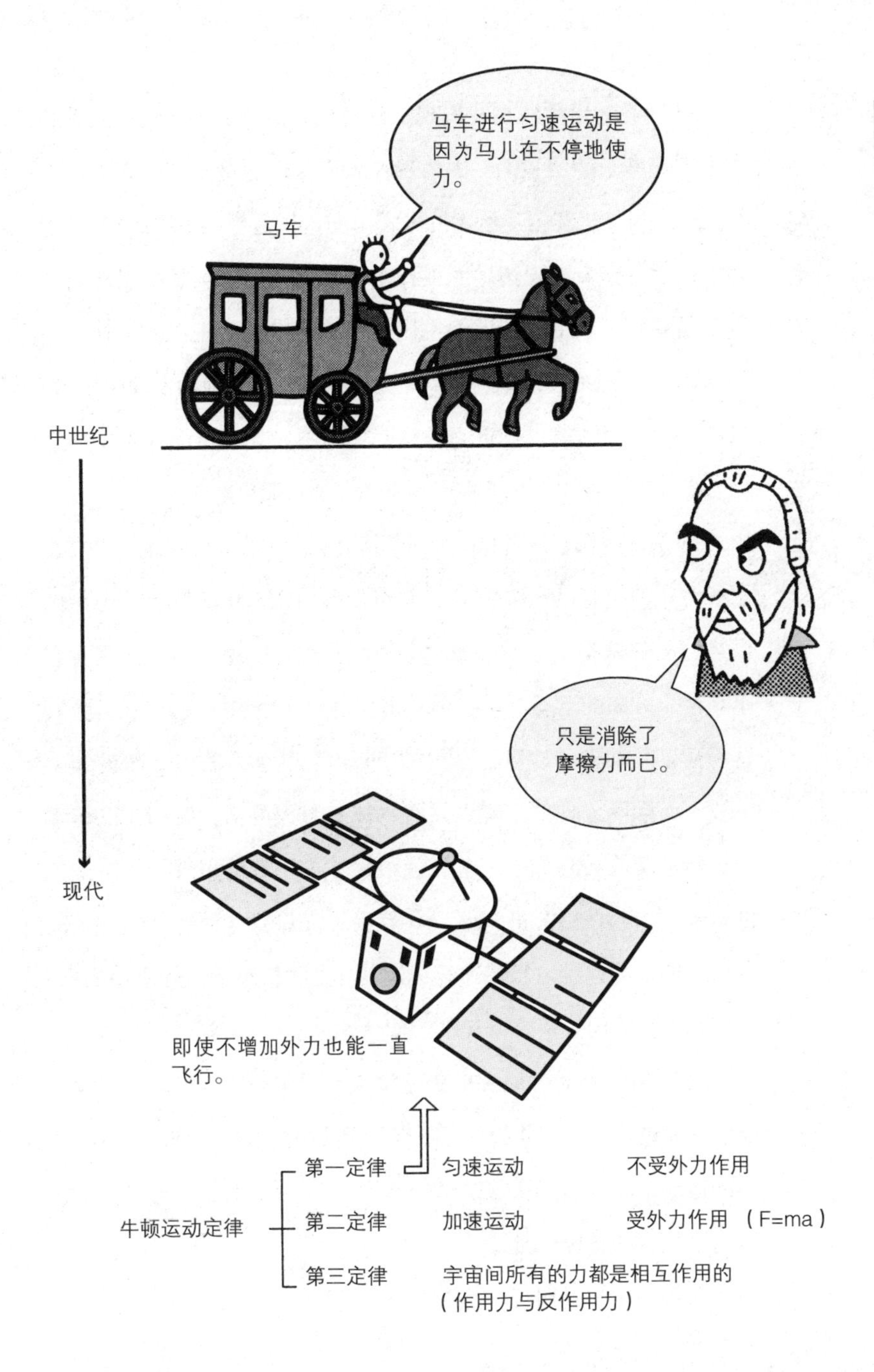

牛顿运动定律			
	第一定律	匀速运动	不受外力作用
	第二定律	加速运动	受外力作用 （F=ma）
	第三定律	宇宙间所有的力都是相互作用的（作用力与反作用力）	

伽利略如果生活在我们现在的时代，他一定不会提议去攀爬船上的桅杆来做实验吧。因为现在我们可以直接坐在电车上来进行实验。当你坐在匀速运动的电车上时，试着举起手中的钥匙圈，然后松手，你会发现钥匙圈就掉落在手的正下方。而如果此时的电车是静止不动的，钥匙圈也同样会掉落在手的正下方。这其中的原理叫作惯性定律，即牛顿第一定律。伽利略在他的实验中证实，当物体自由下落时，在重力的持续作用下物体进行的是匀加速运动。牛顿第二定律无疑是将这个原理做了一般化推广。

但是，站在电车外面的人所看到的景象却并非如此。如右页图所示，如果将站在电车外的人作为参照物，我们将会看到钥匙圈进行的是抛物线运动。伽利略把这种抛物线运动分解为垂直和水平两个方向的运动。牛顿第二定律适用于解释垂直方向的运动，这种运动与前面所述将电车内的坐标系作为参照物时产生的结果一样。而水平方向的运动，是在物体被释放的那一瞬间，电车水平运行的势头传递给了物体，使得物体也跟着电车进行水平方向的运动。当物体一旦开始运动，就会一直保持这种运动状态，以与电车同样的速度进行匀速直线运动。这种情况下惯性定律成立，我们也可以运用牛顿第一定律来进行解释。

伽利略的相对性原理就是这样被推导出来的，它认为“**以一定的速度进行相对运动的坐标系作为参照来看物体运动的时候，同样的运动定律可适用于这两个坐标系**”。这为后来爱因斯坦提出相对论奠定了良好的基础。

下一节中，我们将一起来了解光速不变原理的诞生过程。

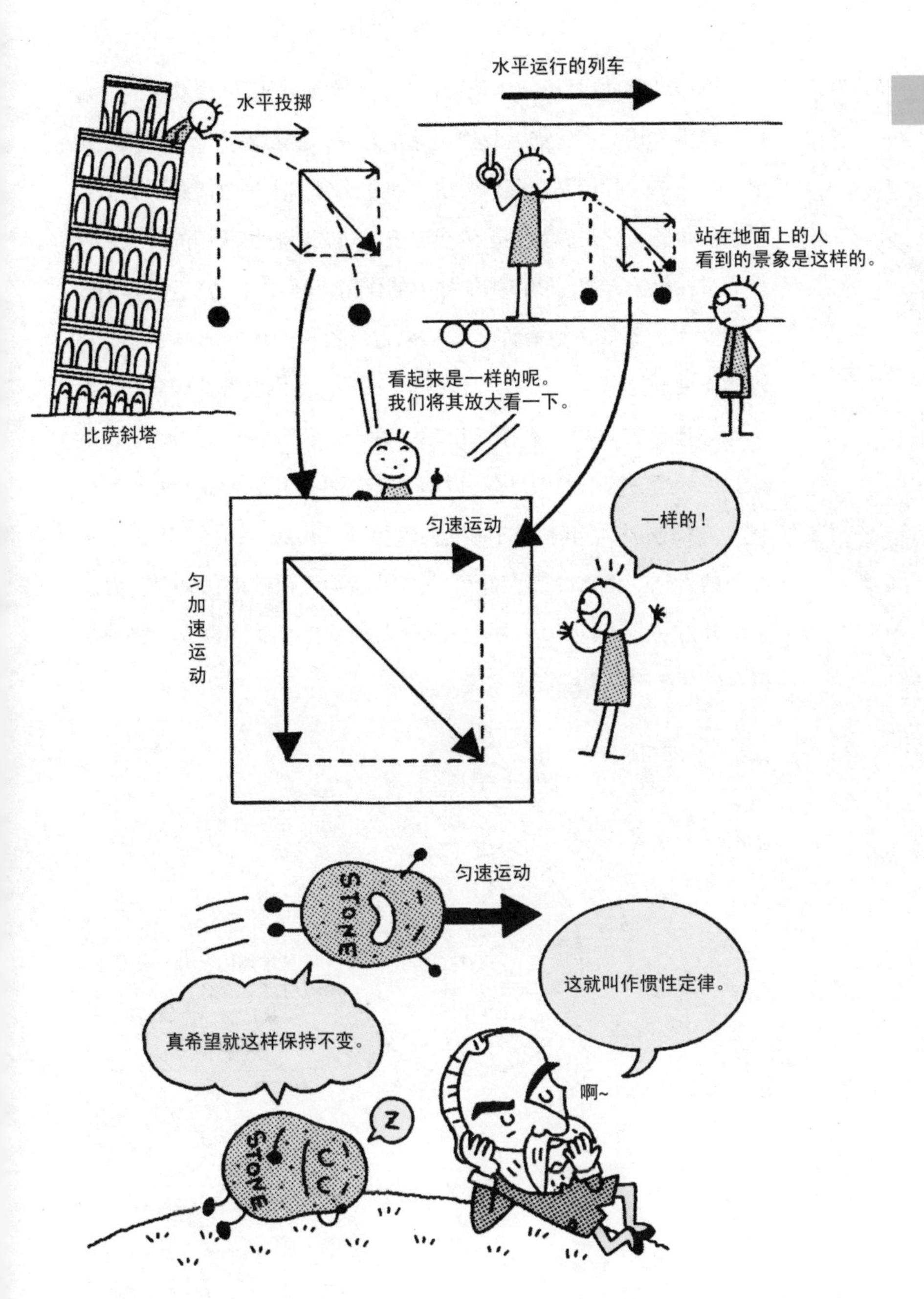
水平运行的列车
水平投掷
站在地面上的人
看到的景象是这样的。
看起来是一样的呢。
我们将其放大看一下。
比萨斜塔
匀速运动
一样的！
匀加速运动
匀速运动
STONE
这就叫作惯性定律。
真希望就这样保持不变。
啊~
Z
STONE

引力和光都是通过以太传导？

关于光的原形曾有两种说法

如果我们想要让物体运动起来，那就必须用手接触到它并施以一定的作用力。比如，我们用球拍打球，就必须使球和球拍相接触。再比如，我们站在火炉旁边，即使不碰到火炉也能感受到火炉带来的暖意，那是因为火炉传导出来的热辐射触及我们的皮肤。这种通过接触的方式对物体施加外力的作用，我们称之为“**近距作用**”。

但是，事实上也有许多像苹果自然落地的现象那样不存在物体相互接触的情况。比如，月球每天东升西落围绕着地球公转，而月球与地球之间却并无任何接触。对于这种现象，牛顿认为，**地球对月球产生的引力（万有引力）并非近距作用**，而是超距作用。

与此同时，同时代的荷兰人惠更斯（1629—1695）则提出了不同的看法。他认为，大部分的作用都是近距作用，只有引力属于例外这一点有些不大恰当。惠更斯的看法基于“以太”这种虚拟介质存在于整个宇宙中的说法。

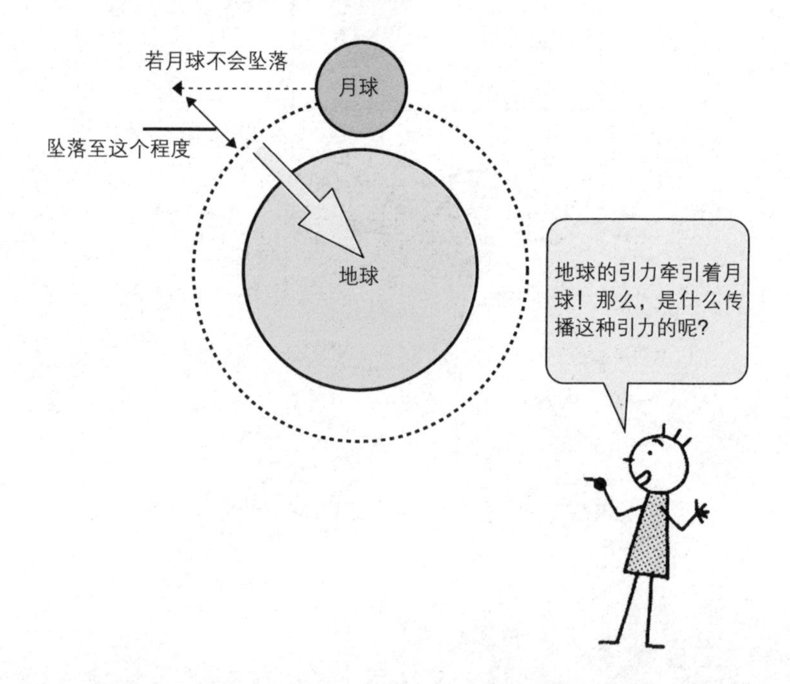

正如声音能够通过空气进行传播一样，万有引力可以通过以太这种介质传向远方。惠更斯利用这样的解释将万有引力一并纳入了近距作用的范畴。

自那以后，很多学者认为，电磁现象也是源于以太这种物质的弹性碰撞，并将这种解释运用于实验中。甚至还出现了一种学说，认为光也属于以太波动的一种。

关于光的原形曾有两种说法，即光的微粒说和光的波动说。19 世纪，光的波动说占据上风，认为若光是通过波动来传播的，那么就必须有承载波动的介质。当时的波动说认为这种承载介质就是以太。

就这样，“以太说”一度成了当时物理学家们深信不疑的共同信念。这种信念直到后来爱因斯坦掀起大革命才最终被打破。

① Pax Britannica，以大英帝国为霸主的世界秩序。后文的“泛美时代”含义以此类推。——译者注

光是电与磁相统一的象征

麦克斯韦方程组终结了关于电磁现象的所有说法

英国的实验名人法拉第（1791—1867）用太阳镜中使用的偏光玻璃，于1847年做了一项划时代的实验。如右页图③所示，当光穿过偏光玻璃后，某些特定方向振动的光波将会被拦截。若将这个光再次透射到偏光玻璃上，当偏光的方向和偏光玻璃的穿透方向一致的时候，光就能穿过偏光玻璃。反之，则完全无法穿过。也就是说，光波必须是在与其前进方向相垂直的平面上振动的横波（图①）。法拉第尝试将穿过一次偏光玻璃后的光透射到磁场中，于是发现偏光的前进方向因磁场的作用而发生了变化。这个结果不仅说明光与磁场会起反应，同时也暗示了一种可能性，即光本身就是一种电磁场的振动。

自那以后大概又过去了10年，德国的安培（1775—1836）也做了一项实验，将一定量的电荷置于磁场中并使其通过导线，以此来检测电流的运动速度。实验结果显示，电流的运动速度为每秒30万千米。这个速度不是跟光速一样吗？！而后，1865年麦克斯韦发表了一篇震惊世人的论文。论文中麦克斯韦仅用了5个方程式便全面地解释了所有的电磁现象。麦克斯韦为了论证这个结果，假想了以太的具体运动形态，并以此为依据进行现象解释。然而奇怪的是，他导出的方程式中并没有任何以太的影子！

麦克斯韦方程组中明确显示了在没有电荷、电流以及其他物质的真空环境中，电场和磁场其中一方的变化会引发另一方的变化，电磁场就是以这样的形式通过横波进行光速传播的。

图① 横波是什么?
（粒子朝着光波的传播方向垂直振动）

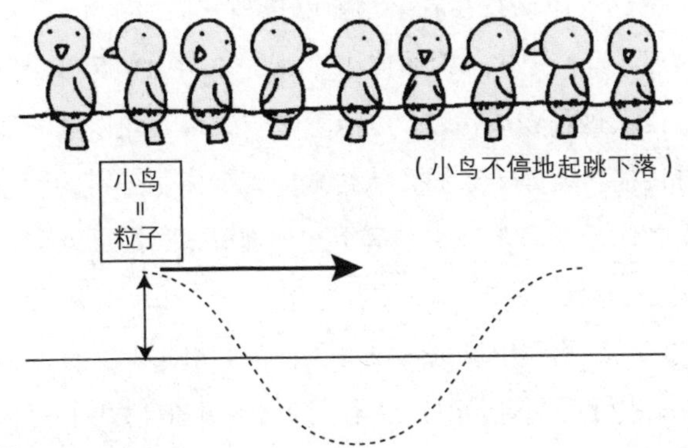

图② 纵波是什么?
（粒子朝着光波的传播方向平行振动）

图③ 法拉第的光线偏光实验

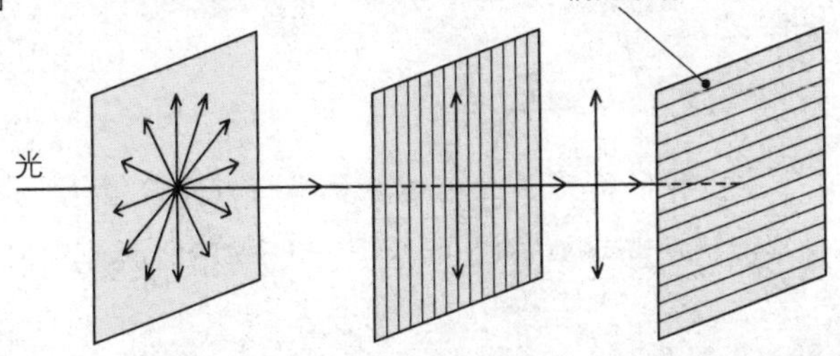

虽然人类肉眼无法看到电力、磁力或者电磁波的某种光波，但是这个世界上应该存在着某种能够传播它们的物质。19世纪，欧洲的物理学家们把这种物质称作“以太”，并且假想整个宇宙中都充满了以太这种物质，光、电磁力和引力都是在以太的汪洋大海中进行传播。物理学家们还认为地球绕着太阳公转的同时，也是在以太的汪洋大海中转动。基于这种理解，我们可以求得地球的绝对速度（求法1）。

除此以外，物理学家们还设计了另一套求法（求法2）。假设地球与以太进行反方向运动，地球运动的绝对速度为v，那么在地球上的某个观测者A看来，以太正在以速度v向反方向流动（图①）。

我们首先将镜子B置于距离观测者A大约1米的距离处，然后再从A的地方放射出光线。为了能够让光线正好照在镜子B上发生反射作用并再次回到A处，我们将镜子B与光线呈直角放置。

以A为基点，将镜子B与地球呈垂直角度放置，使得线段AB与地平面呈平行状态。这样，镜子便是顺着以太流动的方向放置的，也就是说它与地球的运动速度是呈反方向的。从A处放射出的光线顺着以太的流动方向，以c+v的速度离开A，遇到镜子后发生反射作用，反射后的光则与以太的流动方向相逆，以c−v的速度返回到A。因为AB之间的距离为1，因而往返所需的时间计算如下：

根据$\frac{距离}{速度}=时间$

可推导出：

$$t_1=\frac{l}{c+v}+\frac{l}{c-v}=\frac{2cl}{c^2-v^2}$$

接下来，我们将镜子B与地球呈平行方向放置，使得线段AB与地平面呈垂直角度（图②）。这个模式类似于小船划向河对岸。

我们根据勾股定理可得光的速度为：$\sqrt{c^2-v^2}$

光线进行 A → B → A 的运动时间为：$t_2=\dfrac{2l}{\sqrt{c^2-v^2}}$

因此，$t_2:t_1=\dfrac{2l}{\sqrt{c^2-v^2}}:\dfrac{2cl}{c^2-v^2}=1:\dfrac{c}{\sqrt{c^2-v^2}}=1:\dfrac{1}{K}$

$$K=\sqrt{1-\left(\frac{v}{c}\right)^2}$$

在上述这个公式中，只要 v 不为零，K 就不可能为 1，地球的绝对速度 v 就应该可以被求得。

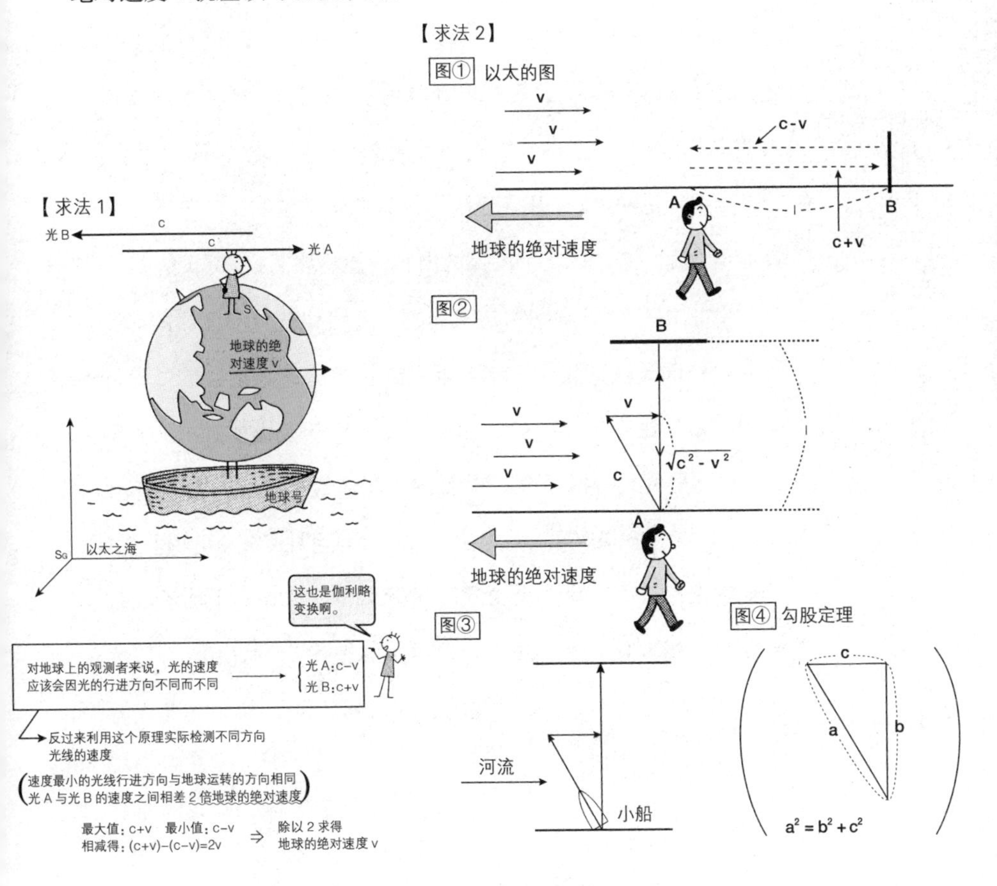

美国的迈克尔孙毕业于海军学校，毕业后的前两年曾在军舰上工作，随后回到母校担任讲师，教授物理和化学两门课程。1877年前后，迈克尔孙还在母校任课期间便已开始了光速测定的实验。

1880年，迈克尔孙留学欧洲，在德国的亥姆霍兹实验室开始了通过光速测定地球绝对运动速度的预备实验。他对地球的绝对速度十分感兴趣，这或许跟他过去在军舰上的工作经历有一些关系。

回到美国以后，迈克尔孙遇见了莫雷这位合作者，同时又获得了电话发明者亚历山大·贝尔（1847—1922）的资金支持，从此开始了真正意义上的实验。他们竟然在漂浮于11米宽的水银槽内的木质圆板上叠加厚重的石材后再进行实验，真是不可思议！

关于实验的基本思路已在上一节中做了说明。右页图①的内容再结合上一节中图①和图②的内容，便是该实验的原理。

我们由上往下看到的实验装置，大致如右页图②所示。在A处放置一面透明的镜子，这样既可进行光线的入射，也可进行光线的反射。迈克尔孙设计的干涉仪是实验的关键所在。从光源C处发射出的光线经镜子B_1、B_2反射后，通过干涉仪产生干涉条纹，根据上一节中解释的$t_2:t_1$的比例，可求得绝对速度v的值。然而，无论实验设计多精密，无论重复进行多少次实验，干涉条纹都没有发生明暗变化，最后并没有求得绝对速度v的值。也许以太这种物质压根儿就不存在。就这样，这个问题成了20世纪初笼罩物理学界的一道阴霾。

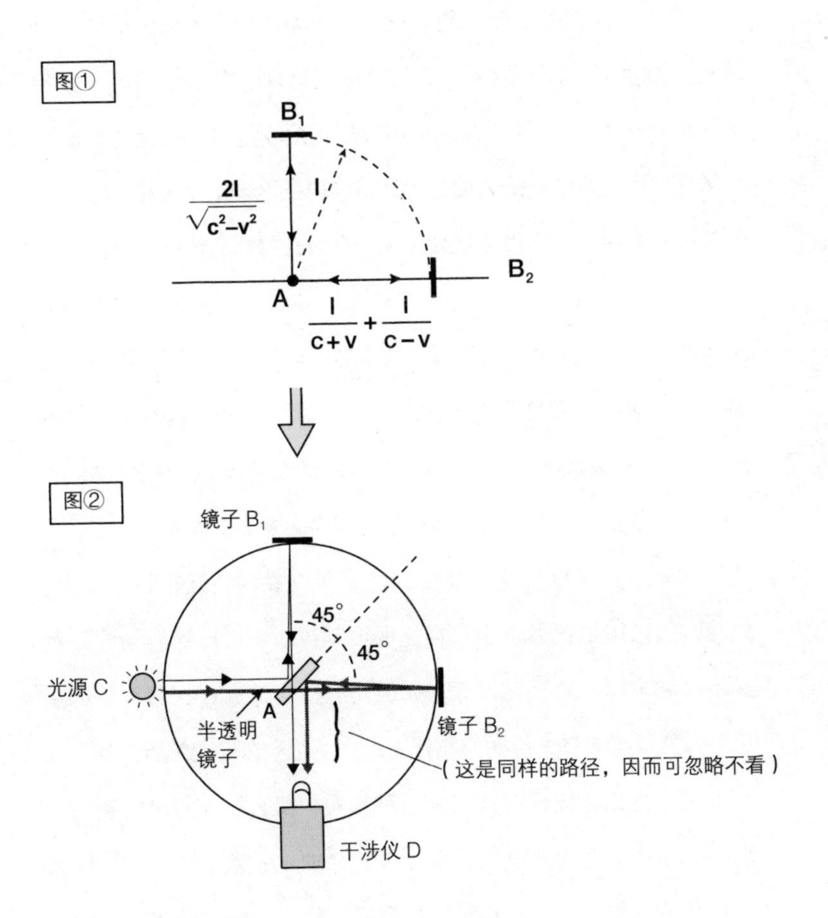

所谓的干涉，就是两束光波重叠的时候，若波峰与波峰重叠、波谷与波谷重叠的话，两束光波则相互助力增强，变成强光波；若波峰与波谷重叠，两束光波则相互衰减，变成弱光波。

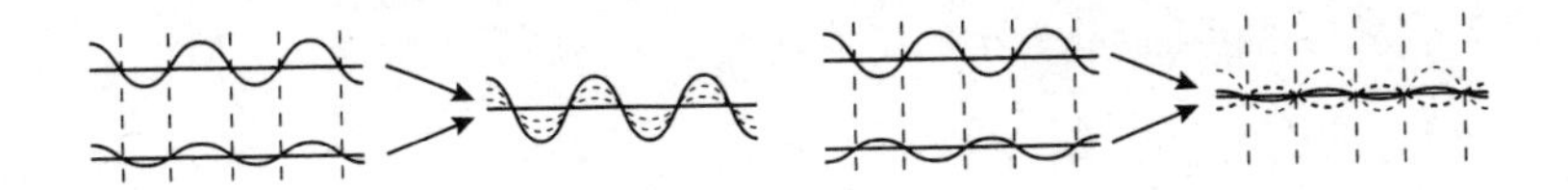

物理学家们做了很多的尝试，以期弄清楚为何无法检测出地球的绝对速度。其中最为著名的是荷兰物理学家洛伦兹的长度收缩假说，他认为，“若所有的物体都以速度 v 进行匀速运动，那么物体在其运动方向上的长度是静止状态时的 K 倍，且 K 值小于 1”。但是这个假说也同样很快就被发现了疑点。物体为什么只有在运动的时候才会在其运动方向上发生收缩？还有，为什么物体收缩的比例都是 K，而无关乎物体所属的类别？洛伦兹曾试图从物质由众多原子构成这一角度寻找答案。不料尝试后发现，新的无理假设层出不穷、积累成堆，无法找到一种可向世人进行通俗解释的办法。至此，测定光速、求解地球绝对速度的实验全部宣告失败。

因此，关于以太这种介质到底是否存在的质疑声越来越大。然而，如果用牛顿力学来解释光的波动说，那么传播波动的介质必不可缺，即必须存在以太。如果没有以太的存在，那么便无法用牛顿力学来解释光传播的原理了。这便是存在很大矛盾之处。

另一方面，假设存在以太这种物质，那么静止的坐标系和运动的坐标系中光的速度便会发生变化。如此一来，所有的坐标系变得互不对等，不再有相对性的等同。静止的坐标轴在以太中占据特别的位置，以此为基准来看哪个在运动、哪个静止不动。这种相对性可谓是绝对的。也就是说，若以太存在，那么在光的问题上伽利略的相对性原理便无法成立。以太的存在与否都让物理学家们感到很困扰。至此，牛顿力学也发展到了极限，可以说陷入了失败的境地。

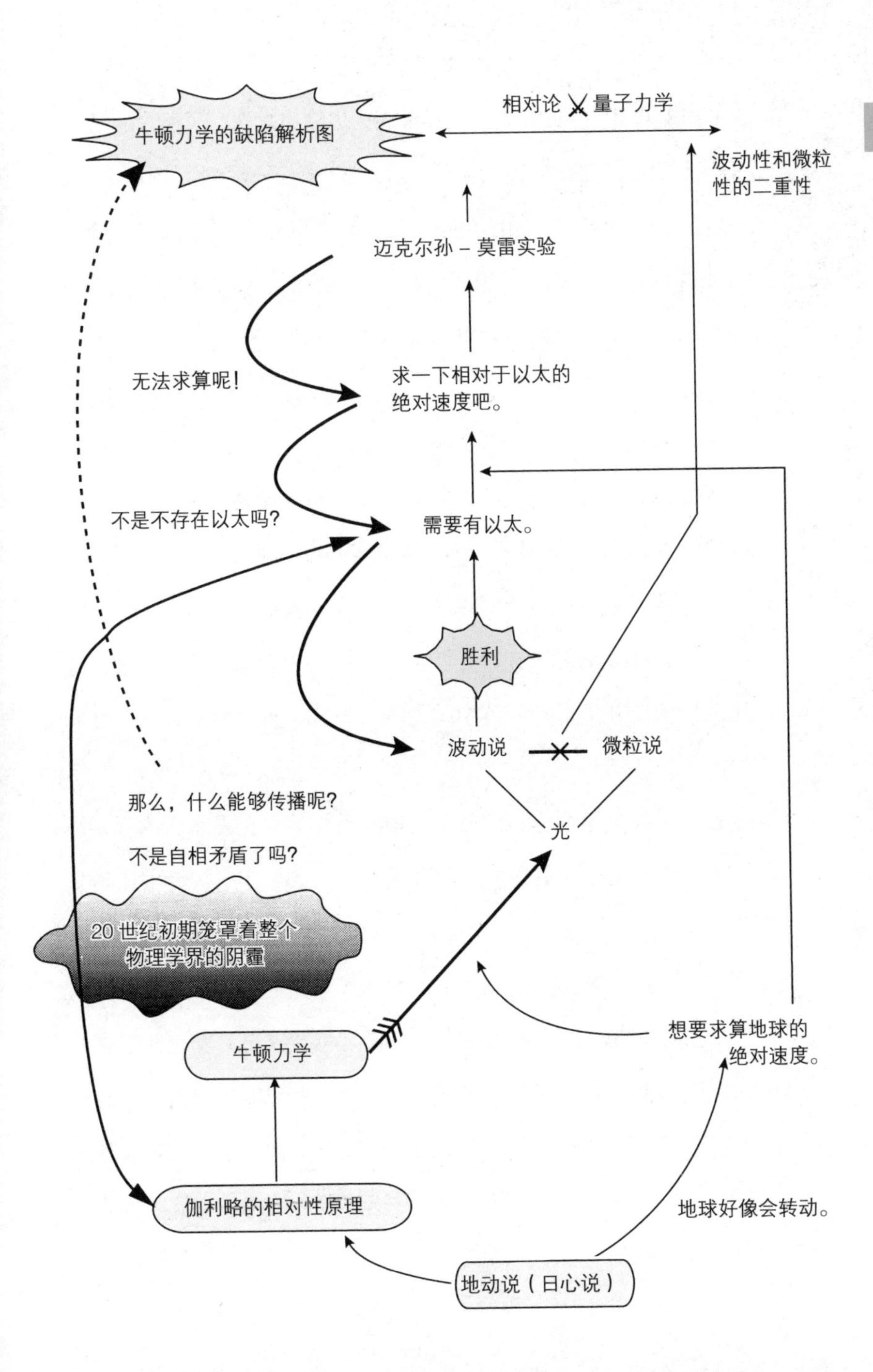
相对论 量子力学
牛顿力学的缺陷解析图
波动性和微粒
性的二重性
迈克尔孙 – 莫雷实验
无法求算呢!
求一下相对于以太的
绝对速度吧。
不是不存在以太吗?
需要有以太。
胜利
波动说
微粒说
那么，什么能够传播呢?
光
不是自相矛盾了吗?
20 世纪初期笼罩着整个
物理学界的阴霾
想要求算地球的
绝对速度。
牛顿力学
伽利略的相对性原理
地球好像会转动。
地动说（日心说）

狭义相对论诞生前夜

意识到了电磁学和牛顿力学之间的矛盾

19 世纪后半叶，人们一般都认为牛顿力学取得了巨大的成就，而其后出现的电磁学则只是在牛顿力学支配下的一项发现而已。事实上，由麦克斯韦提出的电磁学理论一直被人们沿用至今，而且在实际运用上也并未发现任何缺点。其实将电磁学和牛顿力学分开看待也是毫无问题的，然而，物理学家们却不那么认为，他们极力想谋求两者的统一。

这种努力的结果导致牛顿力学在解决光的问题上遇到了缺陷。不仅如此，光仅是电磁学解释的现象中较为特殊的一种而已，牛顿力学在其他的各种电磁学现象中皆遇到了问题。

洛伦兹通过用物体中的电子运动成功地解释了电阻、磁化率、光的折射率等电与磁在固体及液体中的各类现象。不仅如此，他还进一步展开了运动物体中的电磁学研究，直面与牛顿力学之间的矛盾。

而最终，这个连洛伦兹和法国的庞加莱等世界著名的学者都无法找到对策解决的矛盾，却被当时还是无名小卒的爱因斯坦找到了答案。

在爱因斯坦提出狭义相对论之前，其实电磁学已经完全作为一种相对论性质的理论而存在了，只是包括提出者麦克斯韦在内的所有物理学家都没有意识到这一点。直到物理学家们将目光聚焦在电磁学与牛顿力学的矛盾之后，相对论才终于被发现。甚至可以说，若不是物理学家们苦苦寻求这两者的统一，就不可能有相对论的诞生。

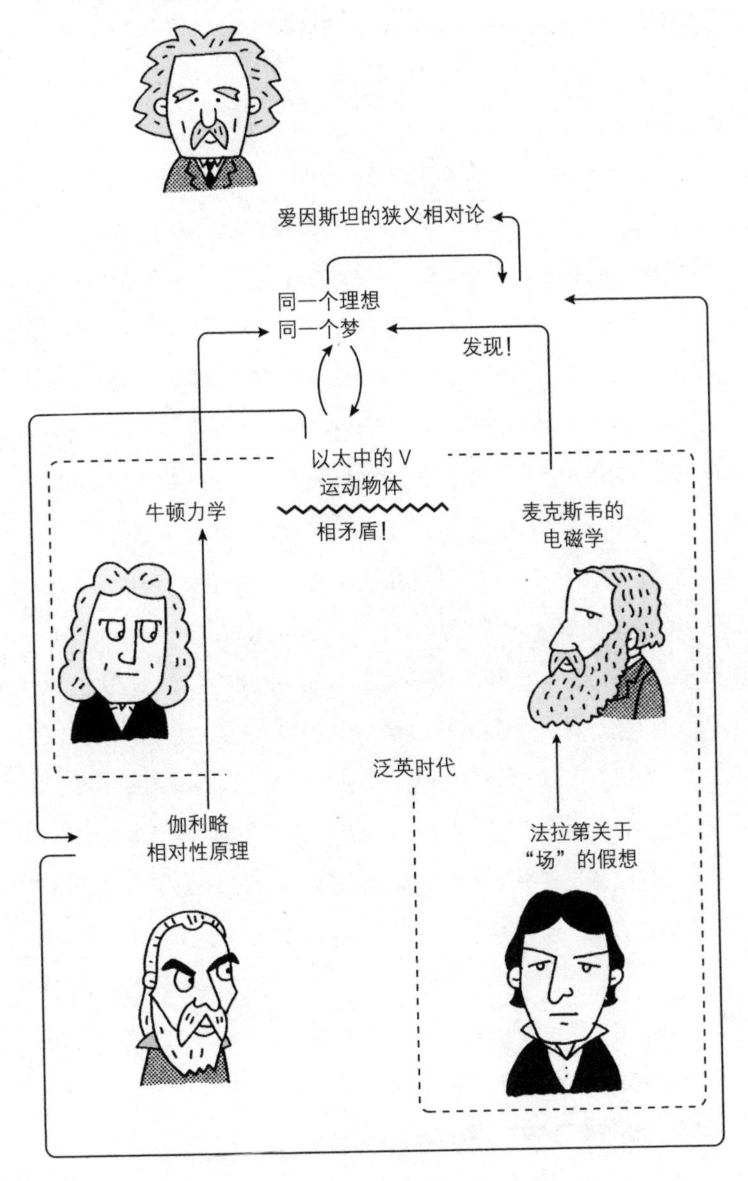

（牛顿、法拉第、麦克斯韦都是支撑起泛英时代的英国人。）

专栏

爱因斯坦的生平① 出生于德国这一背景所带来的意义

爱因斯坦于 1879 年出生在德国南部的乌尔姆市。乌尔姆市地处邻接瑞士边境的施瓦本地区。爱因斯坦的父母都是长期居住在该地区的犹太人后裔。

当时，爱因斯坦的父亲赫尔曼与其亲戚家兄弟合伙经营了一家羽绒床垫公司。然而，在爱因斯坦还只有一岁的时候，公司就倒闭了。于是，爱因斯坦一家举家迁往慕尼黑。赫尔曼和他弟弟在慕尼黑的郊外一起成立了一家新的公司，主要制造发电机、弧光灯等电气产品，同时也承接配管和电气工程等业务。这期间，赫尔曼负责公司经营，弟弟雅各布则负责技术管理。当时正值电气时代，爱因斯坦在叔叔雅各布的强烈影响下，对电气产生了浓厚的兴趣。

1871 年，德国的亥姆霍兹针对麦克斯韦的论文进行了彻底的研讨，并让其学生中表现最为优异的赫兹进行了实验验证。但是直到 1886 年，赫兹才得出电磁波以光速传导的结论。而 4 年前的 1882 年，年幼的爱因斯坦被父亲送给他的磁罗盘给深深地吸引了，他几乎将所有的热情都倾注在了电磁波这个事物上。

爱因斯坦在 7 岁时上了天主教小学。但与此同时，他还从亲戚那里了解了许多犹太教义。这使得他开始对犹太教狂热地信奉起来。11 岁时，爱因斯坦甚至还创作了歌曲赞美上帝，并在整个街区里唱诵它们。然而，等到爱因斯坦 12 岁的时候，他的热情又从宗教转向了科学。居住在德国南部的犹太人有个习俗，就是每周四都要在家里招待贫穷的犹太人享用晚餐。这次被邀请到爱因斯坦家里的是医学生麦克斯 · 塔尔梅。爱因斯坦埋头阅读了塔尔梅带来的科学入门书，发现《圣经》里面大部分内容都是非真实的。后来，爱因斯坦将犹太教进行了升华，提出泛神论的科学教义，即把上帝变成了外星人。

2

狭义相对论的世界

若以光速追逐光，我们将会看到怎样一种景象？

少年时期的爱因斯坦十分擅长思考，他除了学习课堂知识以外，还阅读了大量的物理、科学知识相关的书籍。爱因斯坦在16岁时便已认真详细地学习了电与磁的定律，明白了光与电波同属于某种波的道理。有一天，他的脑海里忽然冒出了一个疑问："如果用光的速度来追逐光，那我们将会看到一种什么样的景象？"不管怎么说，年少的爱因斯坦能提出这样的疑问，这事本身就非常了不起。然而比这更伟大的是，自那以后的10年间爱因斯坦都在不停地思考这个问题，并且终于找到了答案，提出了**"狭义相对论"**。爱因斯坦的这个伟大发现举世闻名，但其实在这漫长的10年里他也并非只专注于做这一件事情，而是跟普通人一样经历了恋爱、结婚，并且在专利局任职。说不定他就是在这些日常生活中忽然想起了脑海中的这个疑问，然后在大脑内不停地围绕着这个主题深入钻研思考而找到答案的吧。

那么，爱因斯坦的这个答案到底是什么样的呢？打个比方来解释就是：假设你坐在直升机上追逐涌向岸边的浪花，你所看到的浪花是静止不动的。同理，若用光的速度追逐光，那么光的波动看起来也应该是静止的。若仅仅是用16岁之前学习到的电与磁的定律来进行思考的话，一定会觉得这种现象是不可能存在的。

而爱因斯坦10年后得出的结论是：**"追逐光这件事绝无可能办到。"**比如，无论注入多少能量，用物质制造出来的火箭都不可能进行光速运动。能完美证明这个结论的是狭义相对论中的$E=mc^2$（后文再做解释）。也就是说，不只是信息会传播，物质和能量也会传播，并且运动速度有最大限度。这个最大限度就是光速c。

16 岁少年的梦想颠覆了牛顿发明的绝对时间、绝对空间的理论，对动摇泛英时代起到了一定的影响。

上帝用“神圣相机”将现实世界全部拍摄下来，并将胶片的像差一张一张地进行剪切，按照时间顺序一一放入安装节的整理盒中。
这时，整理盒的横轴是绝对时间。
虽然现实的空间是三维的，但是在这个模型中由x、y的二维平面构成的绝对空间的轴来表示。
胶片中一张张可见的粒子就是原子。
包括我们人类在内的物质，则呈现出原子离合集散的形态。

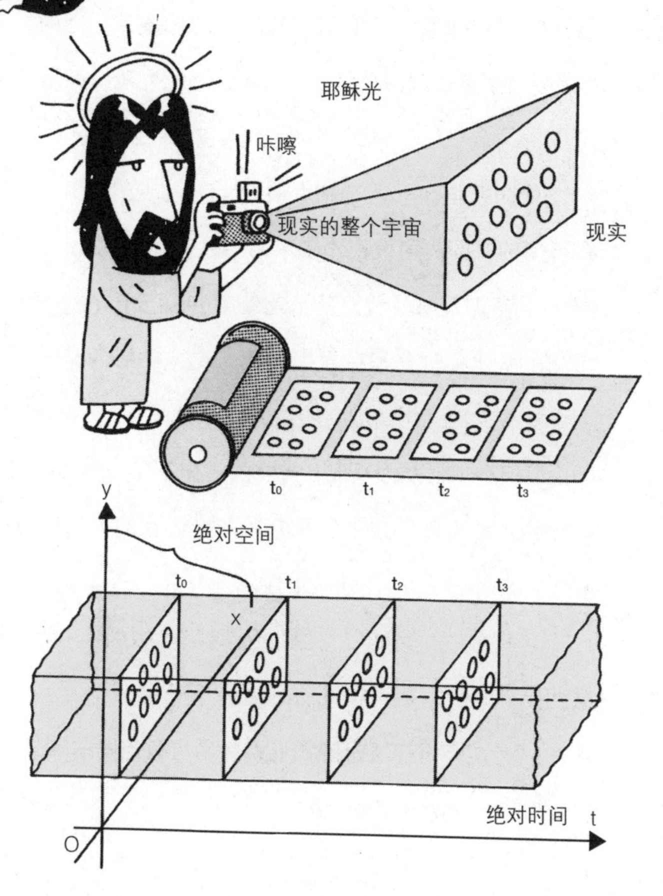

迈克尔孙－莫雷实验试图通过光速的测定，来测量地球相对于以太或整个宇宙的重心的绝对速度，可惜最后以失败告终。同样，其他物理学家们的实验也统统失败了，而且没有一人能够成功地解释实验失败的原因。

爱因斯坦的想法非常与众不同。他并不认为实验是失败的，而是完全接纳了这个实验结果。他认为，地球是以一定的速度相对于整个宇宙的重心而运转着的，**在运转着的地球上无论怎么尝试光学实验都是不可能测到地球绝对速度的**。是的，就是这么一个小小的想法，对爱因斯坦以及整个人类来说都是非常大的一个跨步。

爱因斯坦还在此基础上展开了进一步的思考。他认为，地球在极短的时间内可被视作一个惯性系。但事实上，地球不仅自转，同时还绕着太阳公转，甚至还绕着包括太阳在内的银河系运转。因此，惯性系时刻都在发生变化。在这样的情况下，无论在地球上重复多少次光学实验，得出的结果都是不尽相同的。也就是说，无论以何种惯性系为基准，光学的定律都是完全相同的。所以，地球以整个宇宙重心这个惯性系为基准，我们无法通过光学定律来测定它相对于整个宇宙重心的速度。

若将这里提到的“光学”全部换作“力学”，就是伽利略的相对性原理。爱因斯坦在此将话题一下子展开扩大了。他提出的原理是：“**物理定律在所有的惯性系中都具有相同的形式**。”著名的爱因斯坦相对论便由此诞生了。

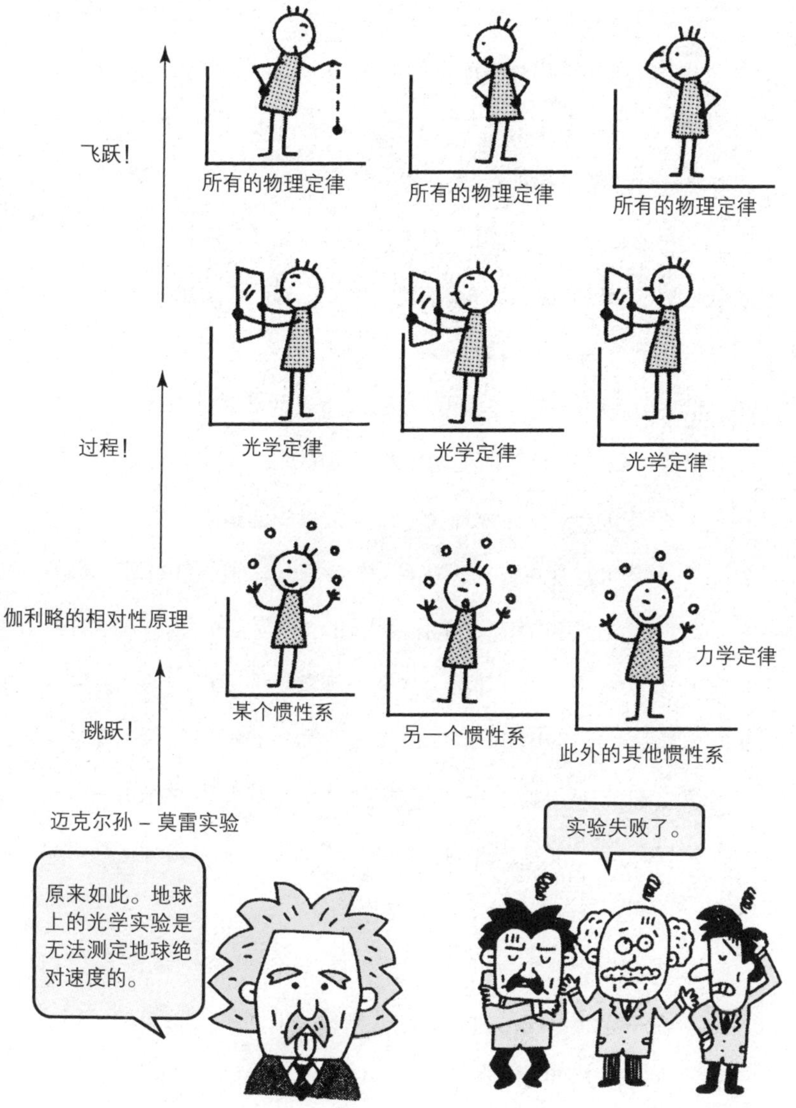
爱因斯坦相对论
飞跃！
所有的物理定律
所有的物理定律
所有的物理定律
过程！
光学定律
光学定律
光学定律
伽利略的相对性原理
力学定律
某个惯性系
另一个惯性系
此外的其他惯性系
跳跃！
迈克尔孙－莫雷实验
原来如此。地球上的光学实验是无法测定地球绝对速度的。
实验失败了。
只有爱因斯坦如此认为
除爱因斯坦以外的其他物理学家们

全宇宙通用的物理定律

爱因斯坦的厉害之处是使其升级为『原理』

已阅读了前面内容的读者或许会觉得有些不可思议，“跳跃！”在如今可以说是一件很平常的事情，为什么只有爱因斯坦掌握了它？对了解伽利略相对性原理的人来说，“过程！”也是理所当然的事情。但是，用“飞跃”就有些过头了，你不觉得如此一来话题有些延伸过度了吗？

为什么这么说呢？因为如果将力学、光学，甚至包含了光学的电磁学，突然运用到所有的物理定律之中是否会可行呢？

是的，这就是爱因斯坦与众不同、非常厉害的地方。仿佛要压制世人的疑问一般，爱因斯坦提出这是一种相对性**原理**。因为若是“原理”的话，就无须证明了啊。在原理的基础上构建起来的理论能否得到验证，这种理论在现实世界中能多大程度地被运用起来是决定其成败的关键所在。另外，若是一种美好的理论那便更为理想了。爱因斯坦果断地挣脱了以太、全宇宙重心的思维禁锢。对他来说，相对论是一种极为自然的现象。生活在现代社会的我们也直接接受了爱因斯坦的这种说法，“**物理定律在所有的惯性系中都具有相同的形式**”。这一原理真的非常厉害！因为相对论是在向我们阐释，“无论走到地球上的哪一个角落，无论是否在未来的世界里，只要存在惯性系，物理学便是成立的”。

爱因斯坦将这个看似理所当然的相对论和另一个**光速不变**原理结合在一起，仅仅用两个原理就构成了他的狭义相对论。令我们这些生活在21世纪的人都十分惊叹，真是非常了不起！

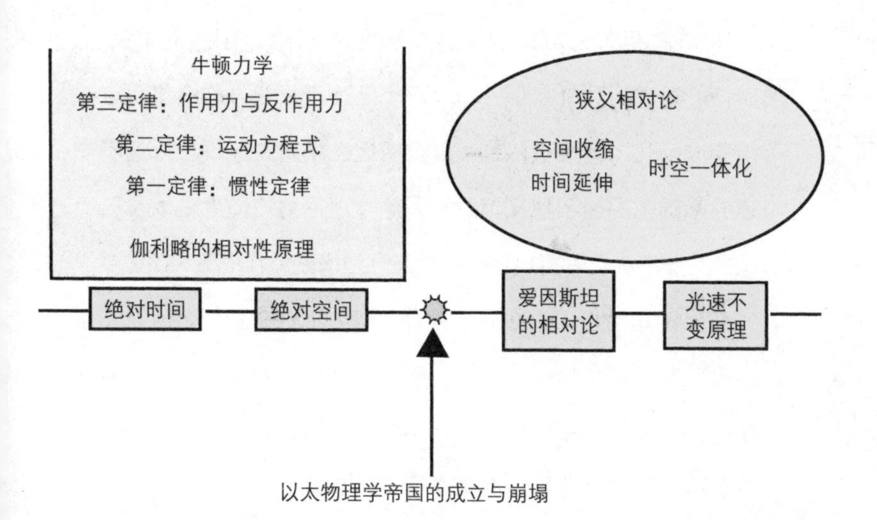
牛顿力学
第三定律：作用力与反作用力
第二定律：运动方程式
第一定律：惯性定律
伽利略的相对性原理
狭义相对论
空间收缩
时间延伸
时空一体化
绝对时间
绝对空间
爱因斯坦的相对论
光速不变原理
以太物理学帝国的成立与崩塌

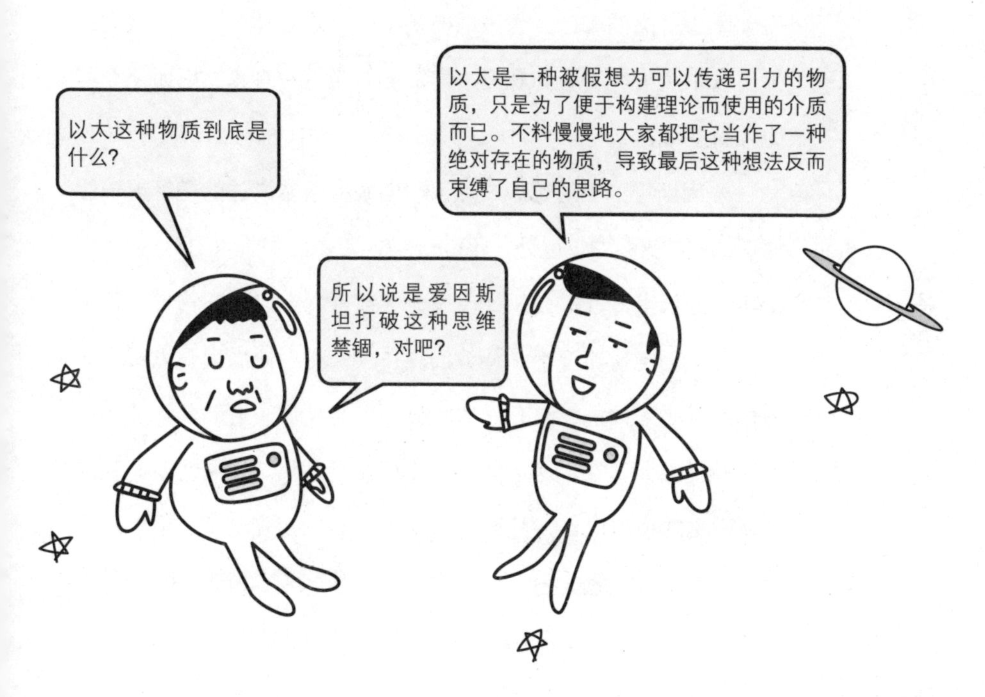
以太这种物质到底是什么?
以太是一种被假想为可以传递引力的物质，只是为了便于构建理论而使用的介质而已。不料慢慢地大家都把它当作了一种绝对存在的物质，导致最后这种想法反而束缚了自己的思路。
所以说是爱因斯坦打破这种思维禁锢，对吧?

即便有人像爱因斯坦提出相对论那样，大胆指出某个现象就是一种原理，但若无人追随他的话，那也只会被人们认为是个疯子。然而，追随者的数量如果一个、两个地逐渐增长，这个组织就有可能变成宗教团体甚至国家。**爱因斯坦在相对性原理和光速不变原理的基础上提出了狭义相对论。**这种理论的追随者可以说已经形成了类似拥有很多拥护者的教会甚至是国家那样的庞大团体了。

相对论这个理论实在太不符合一般人们的常识了，因而它的提出也引发了物理学家们不小的争论。反对这种说法的人曾试图批评它、击溃它，甚至在现代社会依然有异想天开的学者主张相对论是错误的。但是我们不得不承认相对论巧妙地解决了用牛顿力学无法解决的难题，完美地构筑了一个理论体系，并且自它被提出以来从未有实验和观测事实能够否定这种理论，因而至今广为人们接受。

爱因斯坦的相对论中，除了后面我们所要讲述的构筑起一般性理论的广义相对论以外，还有一种是狭义相对论。一旦进入了狭义相对论的世界，那么想要通过力学或者光学以外的物理现象来测定地球的绝对速度都是徒劳的。在狭义相对论的世界里所有的惯性系都是等同的，没有优劣之分。它们只是作为记录物理现象的一种基准而存在。这个世界上不存在只以某一种惯性系为基准才能看见的物理现象。因此，“以太只有以固定在全宇宙重心的绝对惯性系来看才是静止的”这种说法是有悖于相对论的。由此可知，以太这种物质即便真的存在，它也不可能具有物理特性。

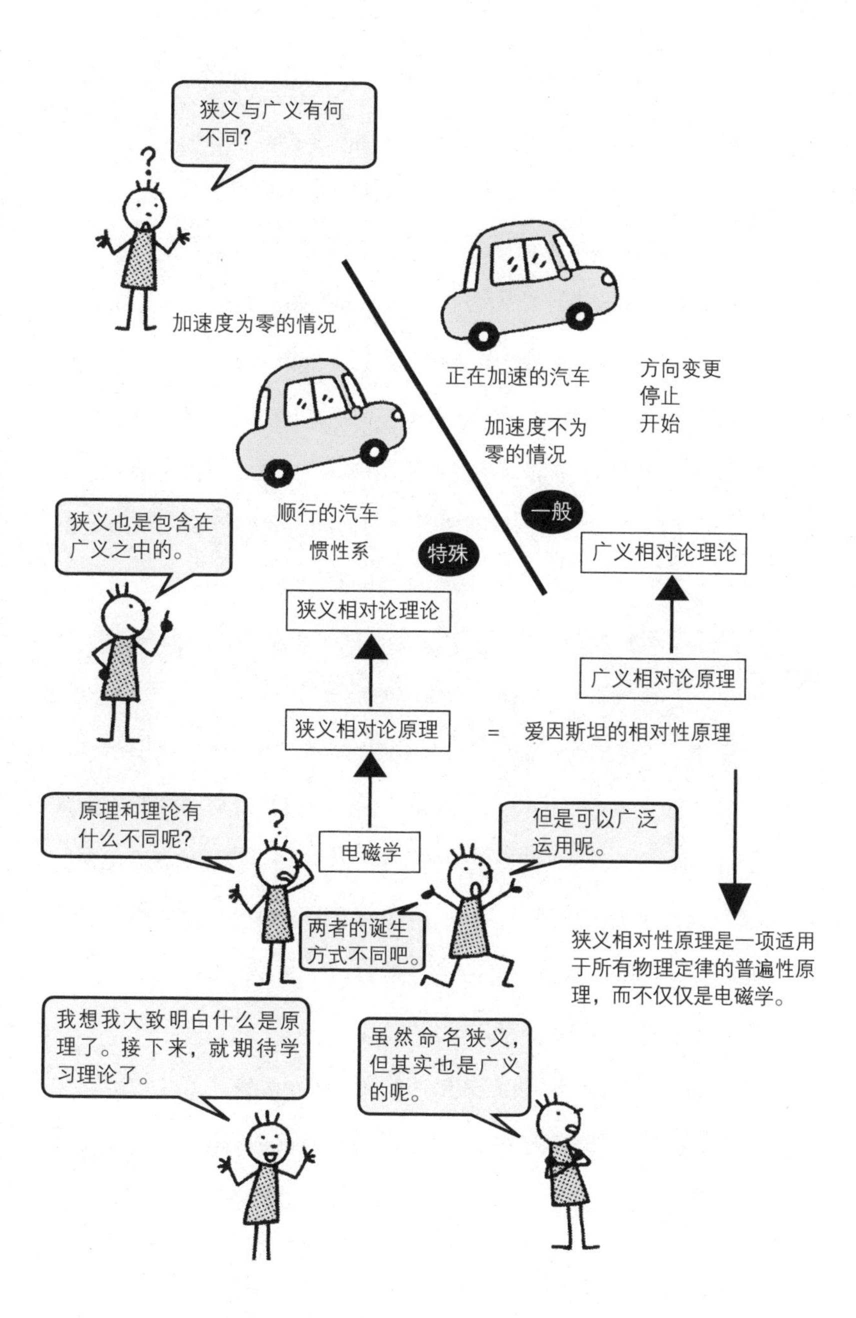
狭义与广义有何不同?
加速度为零的情况
正在加速的汽车
方向变更
停止
开始
加速度不为零的情况
顺行的汽车
惯性系
一般
特殊
狭义也是包含在广义之中的。
广义相对论理论
狭义相对论理论
广义相对论原理
狭义相对论原理
=
爱因斯坦的相对性原理
原理和理论有什么不同呢?
电磁学
但是可以广泛运用呢。
两者的诞生方式不同吧。
狭义相对性原理是一项适用于所有物理定律的普遍性原理，而不仅仅是电磁学。
我想我大致明白什么是原理了。接下来，就期待学习理论了。
虽然命名狭义，但其实也是广义的呢。

假设你现在站在地面上保持不动，然后向你的正前方投球，球的速度为 u。然后再以 v 的速度向前奔跑，借着跑步之势向前投球。那么，在坐着观看的人看来，此时球的速度应该是 u+v。

这个规则通常也被称为“速度合成定理”，其实就是一种常识性的速度加法规则。速度合成定理可分为两大类：一种是如上刚刚描述的这类情况，另一种请允许我接下来举例说明。

假设你站在湖边，将手伸入水中掀起浪花，这时水波在平静的湖面上不断向外扩散，它的速度为 u。然后同样在这个湖里，你以 v 的速度向前划船，试问此时船的运动引起的波浪在湖面上扩散的速度是多少？对，依然是 u。速度的合成定理中，另外一种类型是速度不叠加的情况。一般来讲，水波的扩散速度是由水的密度和表面张力所决定的，而与波源的运动状态无关。

那么，请问光速是属于速度合成定理中的哪一种类型呢？

依据麦克斯韦的电磁学理论，包含光波在内的电磁波应该属于第二种类型，即**光在真空中传播的速度与光源的运动状态无关**。

这种说法无法通过前面所讲述的爱因斯坦的相对性原理进行推导。爱因斯坦认为，这种说法属于能与相对性原理相提并论的第二种原理，即**光速不变原理**。

这里所谓的“不变”是指即使光源的运动状态发生改变，从光源处发射出来的光速也不会因此而发生变化的意思。

速度的合成定理可分为两类

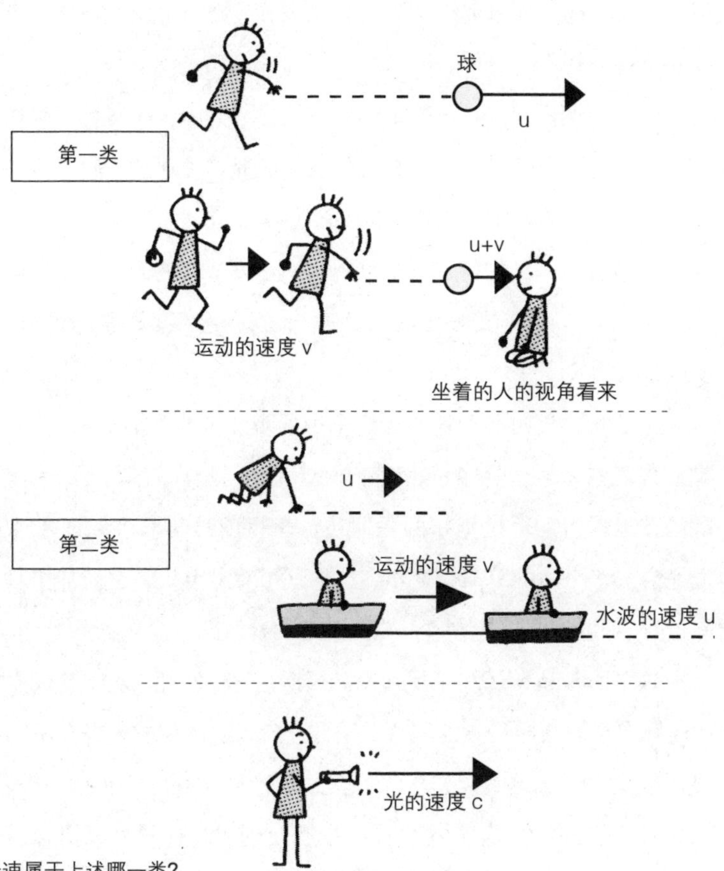

光速属于上述哪一类?

两种原理引发的奇妙现象

光速大到可以忽略观测者的速度

如果我们抛开一切先入之见，分别思考爱因斯坦提出的相对性原理和光速不变原理，那么你会觉得它们都是非常理所当然的事情。若将这两种原理组合到一起再来看，则会出现一种非常奇妙的现象。

请看下图。固定在地面上的路灯发出光线 A，观测者 S 站在地面上看着这个灯光。为了更简单地来解释这种现象，假设这一切都发生在真空状态下，那么此时光的速度是 c。

再来看另一种场景，汽车以固定的速度 v 在地面上行驶，观测者 S 看到汽车车前灯发出的光线 B，根据光速不变原理，B 的速度也是 c。

接下来，我们来看乘坐在汽车中的观测者 S′所看到的一切。对 S′来说汽车与车前灯都处于静止状态。不，也许有人会认为汽车是在运动着的。这里指的是即便汽车行驶时间推移，对 S′来说他与汽车之间的距离始终不变。从这个意义上讲，它们是相对静止的，而窗外的景色则看起来是在运动着的。

这里的 S 和 S′都属于惯性系。根据相对性原理，对于 S 成立的法则在 S′身上也应该是同样适用的。所以，在 S′看来静止不动的光源（是指车前灯哦！）发射出的光线速度也应该是 c。如此一来，奇妙的现象就发生了。也就是说，同一种光线，无论对相对地面静止的 S 还是相对地面运动着的 S′来说，它的传播速度都是相同的。这既有悖于我们的常识，也揭示了**伽利略变换**①的漏洞。总结一下，就是**光速不受观测者的速度的影响**。也有人将之纳入**光速不变原理**之中。

①“伽利略变换”指的是两个做相对等速运动的人进行的最简单的参考系变换。

S
子弹 A
子弹相对于 S 的速度为 u
这就是一种通常的思维模式。
S′
v
S
子弹 B
对 S 来说，S′ 的子弹速度为 u+v

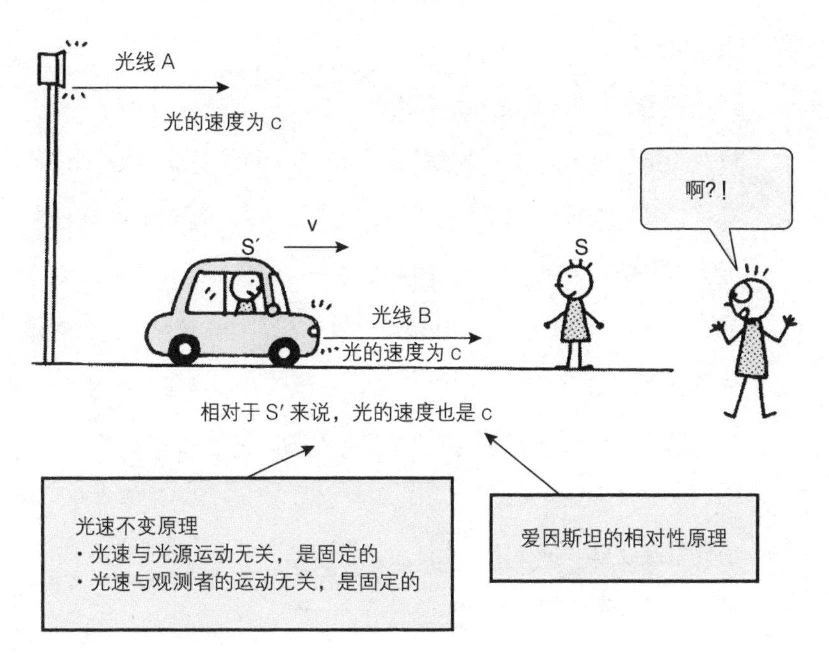
光线 A
光的速度为 c
啊?！
S′
v
S
光线 B
光的速度为 c
相对于 S′ 来说，光的速度也是 c
光速不变原理
・光速与光源运动无关，是固定的
・光速与观测者的运动无关，是固定的
爱因斯坦的相对性原理

爱因斯坦仅以相对性原理和光速不变原理两个原理便创立了一套与传统物理学理论相异的新理论体系，即“狭义相对论”。这个理论最具特色的地方就在于其在时空上打破了传统的观念。这种传统观念指的是牛顿时代以后的近代观念，它不仅是当时人们的一种常识，在现如今也依旧是人们日常生活中的一种常识。

爱因斯坦首先从同一时间下的相对性展开探讨。假设快速列车在漆黑的夜晚以速度 v 匀速驶过车站。其中一辆在驶入车站、车身正中正好到达站台电灯 C 的正前方时，电灯会被瞬间点亮，然后再次熄灭。光线透过车窗进入车厢内，并左右扩散，照射到列车的首尾两端。站在电灯正下方的车站工作人员 S 和站在车厢中心位置的乘客 S′ 都看到了这种现象。

接着，在列车内的中央通道地板上画一条与铁轨平行的直线，以此为坐标轴。以电车的末端为原点。按理说，应该在地板上再画一条与这个坐标轴垂直相交的直线，然后竖一根与地板垂直的柱子，将这三条线作为坐标轴建立一个三维坐标系。但这里我们姑且简化为一根坐标轴，用横轴 OX 来表示。图中的纵轴 OT 表示事件发生的时间。

我们一般将这种坐标系表示的图称为**时空图**，即以时间为纵轴、以空间为横轴来表示的图。用时空图来分析相对论非常方便，因此常被物理学家使用。也许对讨厌图的人来说它看起来有些烦琐，但其实并没有那么复杂。

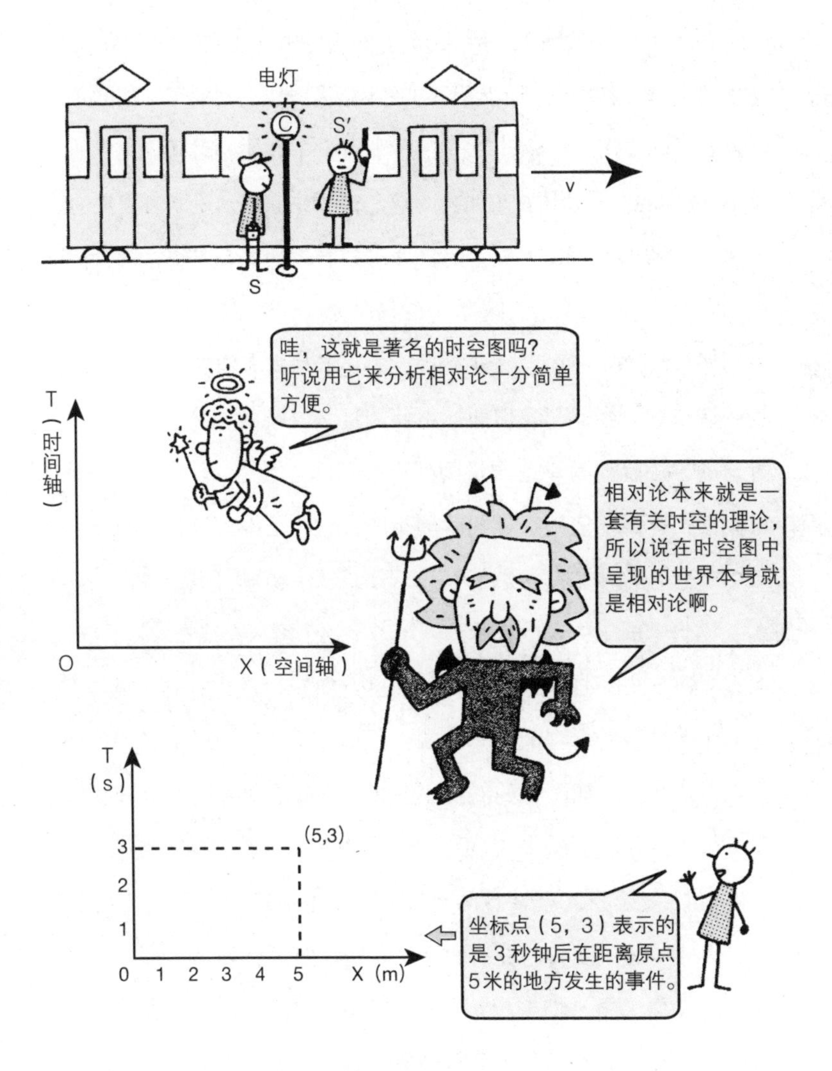
电灯
C
S'
v
S
哇，这就是著名的时空图吗？听说用它来分析相对论十分简单方便。
T（时间轴）
O
X（空间轴）
相对论本来就是一套有关时空的理论，所以说在时空图中呈现的世界本身就是相对论啊。
T（s）
(5,3)
3
2
1
0 1 2 3 4 5
X（m）
坐标点（5，3）表示的是3秒钟后在距离原点5米的地方发生的事件。

在时空图中，与空间轴平行且与时间轴相垂直的直线（如右图①中的 A′B′）上的事件都是同时发生的。

而在斜线（如图①中的 AB）上的事件则并非同时发生的。这里的 B 指光线照射到列车尾部的点，A 指光线照射到列车头部的点。在站台上的工作人员 S 看来，这两个动作并非在同一时间内完成的。然而，同样的事件动作在车厢内的乘客 S′ 看来它们却是同时发生的。

因为在直线 AB 上发生的事件对车厢内乘客 S′ 来说都是同一时间发生的，所以如果用车厢内的参照物进行测量，在光线同时照射到列车首尾那一瞬间，**图中线段 AB 的长度即车厢内乘客 S′ 看到的列车长度**。当然，我们即使不使用这么复杂的程序，也可以用普通的方法轻而易举地测量到列车的长度。但是，现在我们不回避烦琐，有意地使用这种同时测量的方式，是因为这样可以把狭义相对论丰富的成果呈现给大家。下面我们继续往下深入讲解。

站台上的工作人员 S 看到列车以 v 的速度从左往右匀速行驶。那么，列车头部自然也以同样的速度 v 向右行进。由此，站台上的工作人员 S 所看到的列车两端的移动过程，若用时空图的坐标系来表示的话，如图②的斜线 Ⅰ、Ⅱ 所示，随着时间的推移线条逐渐往坐标右上方移动。其中，斜线 Ⅰ 是列车头部移动的痕迹。

假设一条经过点 B 且与空间轴 OX 相平行的直线与 Ⅰ 相交的点为 A″。这里的 A″ 表示的是“当光线照射到列车尾部时，站台上的工作人员 S 即刻标记下的列车头位置”。也就是说，**线段 BA″ 表示站台上的工作人员 S 看到的列车长度**。那么，现在请大家来比较分析一下图③中的线段 AB 和 A″ B。

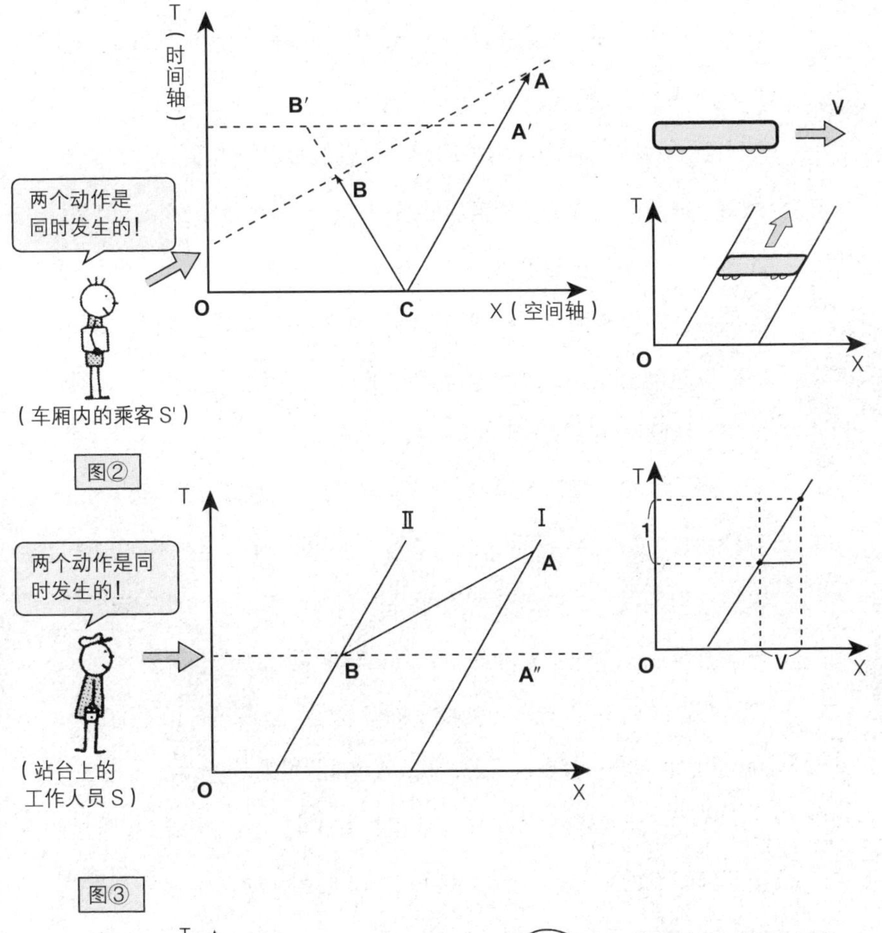
图①
以站台上的工作人员 S 为参照点的时空图（参照上文）
T（时间轴）
B′
A
A′
B
两个动作是同时发生的！
O
C
X（空间轴）
（车厢内的乘客 S'）
V
T
O
X
图②
T
Ⅱ
Ⅰ
A
两个动作是同时发生的！
B
A″
（站台上的工作人员 S）
O
X
T
1
O
V
X

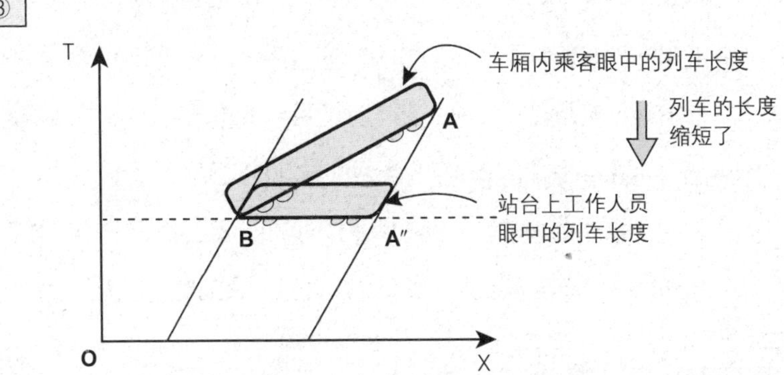
图③
T
车厢内乘客眼中的列车长度
列车的长度缩短了
A
站台上工作人员眼中的列车长度
B
A″
O
X

右页的时空图①表示的是站台上的工作人员 S 看到的列车行驶状态。其中，斜线Ⅱ表示列车尾部的运动过程。若将这个过程在新的时间轴上重新呈现，即如图②所示。

在中学的时候，我们只接触过纵轴与横轴相互垂直的直角坐标系。突然出现图②这种**斜坐标系**或许会让人感到很吃惊。但是，即使坐标系中时间轴是倾斜的，这里也依然是伽利略相对性原理的世界。即使作为基准的惯性系由 S 变为 S′，坐标系中表示动作同时发生的直线也依然与空间轴相平行。正因为这依然处于伽利略相对性原理的世界，所以一切并没有发生什么改变。

那么，接下来请大家看一下图③。这个图想必大家并不陌生，它其实就是以站台上的工作人员 S 为参照的时空图。不同的是，这里我们假设人的视线是沿直线 AB 方向倾斜的。如此一来，原本在工作人员 S 眼中并非同时发生的两个动作（光线照射到列车首尾两端的动作），现在也变成了同时发生。由此可得，这个直线 AB 就是前面我们提到的车厢内的乘客 S′ 的视线。

现在我们再重新勾画一个时空图。首先取一条与直线AB平行，且经过原点的空间轴；然后使其与图②的斜角时间轴合并，即得到一个新的时空图（如图④所示）。在这个时空图中时间轴和空间轴都呈斜角，正好向我们展示了从车厢内乘客 S′ 的视角点所看到的光线同时照射到列车首尾两端的动作过程。

图④的时空图正是向我们证明了：**爱因斯坦的相对性原理和光速不变原理是以光为媒介、以时空一体的时空观为出发点的。**

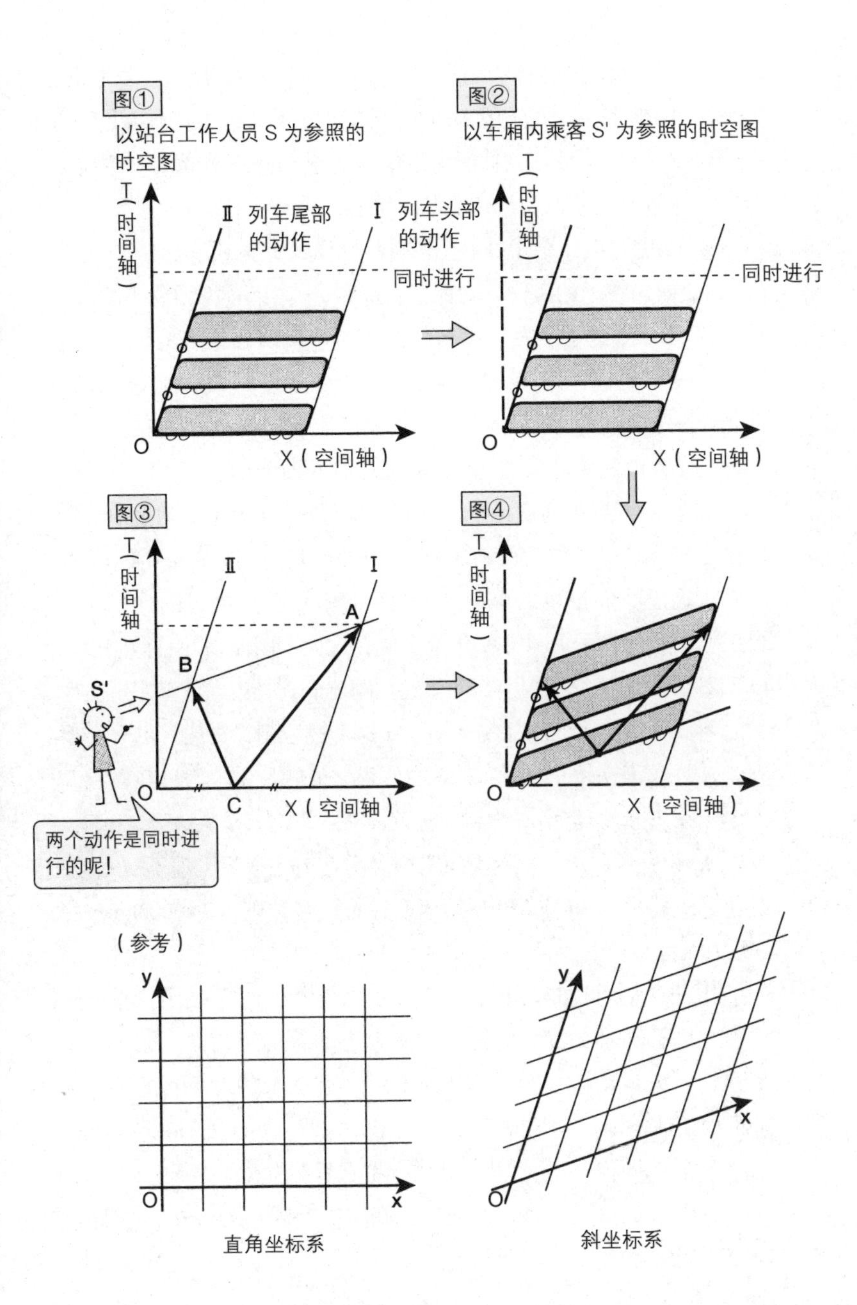
图①
以站台工作人员 S 为参照的时空图
T（时间轴）
Ⅱ 列车尾部的动作
Ⅰ 列车头部的动作
同时进行
O
X（空间轴）
图②
以车厢内乘客 S' 为参照的时空图
T（时间轴）
同时进行
O
X（空间轴）
图③
T（时间轴）
Ⅱ
Ⅰ
A
B
S'
O
C
X（空间轴）
两个动作是同时进行的呢！
图④
T（时间轴）
O
X（空间轴）
（参考）
y
O
x
直角坐标系
y
x
O
斜坐标系

宇宙中的寿命会延长

用光钟测量时间的延缓

一直以来，人们都利用有规律地重复同一件事情来计算时间，比如，机械摆钟通过单摆的来回摆动来计时；石英表根据石英晶体的振动次数来计时。现在我们假设还有一种虚拟的钟叫作光钟，规模十分宏大。那么，它是靠什么原理计时的呢？

假设我们在相距 150000km 的两个位置上各放一面镜子 A 和 B，并使两面镜子的镜面相对而立。那么，其中一面镜子发出的光，照射到另一面镜子上发生反射作用后，再次回到原来的镜子，这个过程所需的时间为 1s。由此可知，光的速度是 300000km/s。以此类推，这束光在两面镜子之间往返两次费时 2s、往返三次则为 3s……光钟就是靠光束如此循环往复来计算时间的。

接着，再将这两面镜子放在以 180000km/s 的速度匀速前进的巨型宇宙飞船上，并假设有人在飞船外原地安静地看着飞船运动。当然，这里我们也可以继续沿用前面章节中已出现过的列车和站台工作人员的例子，只是由于数据实在太大，因而在此另做假设。

好，我们继续回到上面的话题。刚才讲到光束在巨型宇宙飞船上的两面镜子 AB 之间往复运动。在这个过程中，飞船外的人会看到光钟每次都从镜子 A 移向 A′ 的位置。也就是说，假设现在有个人 S 站在飞船外，他肉眼看到的光束运动路径应该是从镜子 A 到 B、再到 A′，并且完成一次周期所需的时间是 1s。根据光速不变原理，光在 AB 之间以 300000km/s 的速度行进，光钟则以 180000km/s 的速度在运动着。

由此我们可以推算出，人在飞船内外看到的光钟计时的快慢并不相同；并且，飞船内看到的光束运动单程距离 CB 与飞船外看到的光束运动单程距离 AB 的比例（CB：AB），等于光束完成半个周期所需的时间比（C° B°：A° B°）。即，在飞船外的人看来，飞船上才流逝了 4/5 的时间（具体参考右页图解）。

这种现象我们称之为**“双生子佯谬”**（twins′ paradox）。在日本叫作**“浦岛效应”**。

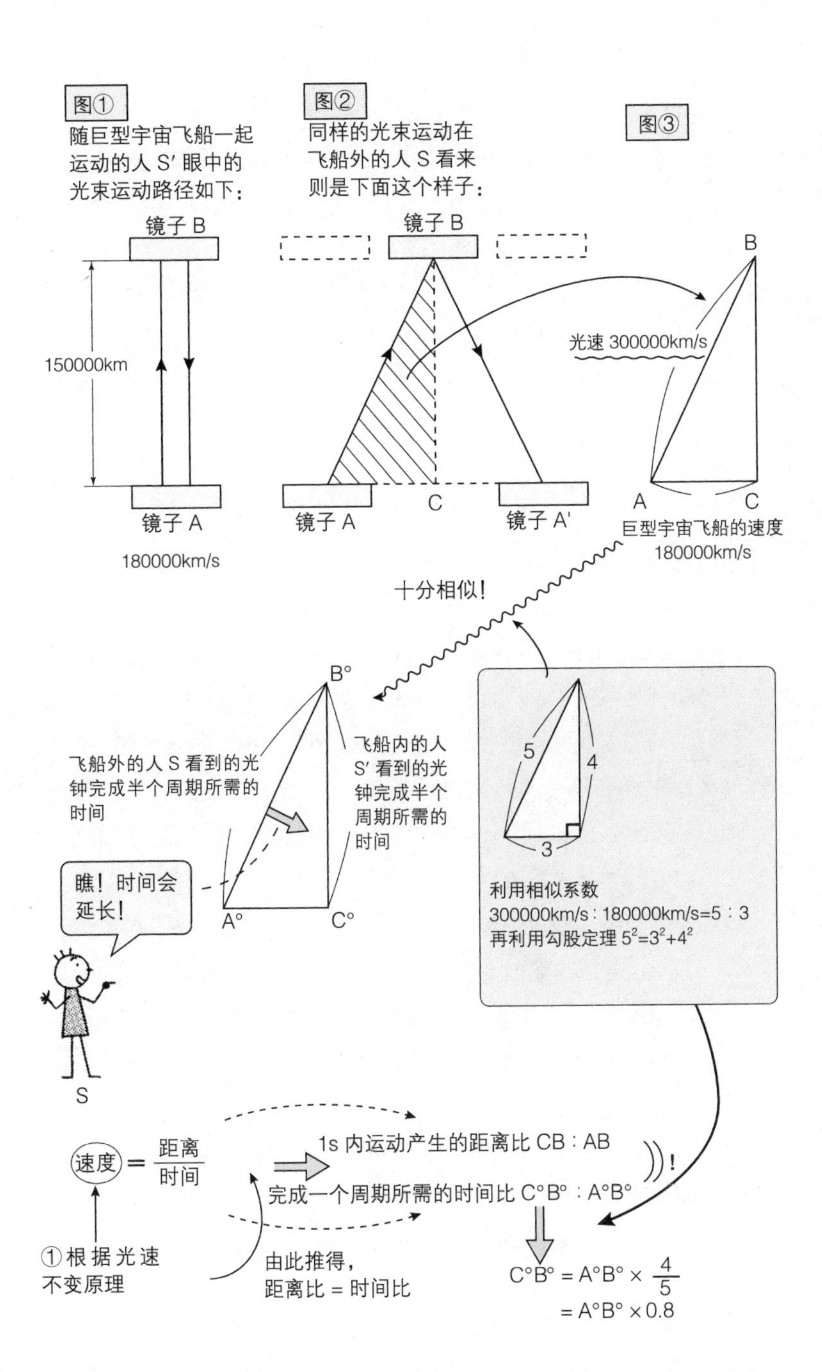
图①
随巨型宇宙飞船一起运动的人 S′ 眼中的光束运动路径如下：
镜子 B
150000km
镜子 A
180000km/s
图②
同样的光束运动在飞船外的人 S 看来则是下面这个样子：
镜子 B
镜子 A
C
镜子 A'
图③
B
光速 300000km/s
A
C
巨型宇宙飞船的速度 180000km/s
十分相似！
B°
飞船外的人 S 看到的光钟完成半个周期所需的时间
飞船内的人 S′ 看到的光钟完成半个周期所需的时间
瞧！时间会延长！
A°
C°
S
5
4
3
利用相似系数
300000km/s：180000km/s=5：3
再利用勾股定理 5²=3²+4²
速度 = 距离/时间
1s 内运动产生的距离比 CB：AB
完成一个周期所需的时间比 C°B°：A°B°
!
①根据光速不变原理
由此推得，
距离比 = 时间比
C°B° = A°B° × 4/5
= A°B° ×0.8

首先，我们将上一小节中阐述的内容用公式来表示。从宇宙飞船外看，飞船上的光钟会走得慢一些，但也仅比飞船内看到的慢$\sqrt{1-\left(\frac{v}{c}\right)^2}$倍。利用这个公式，我们可以得出下页这个表格，并绘制出一个光的时空图。图中，纵轴为时间轴，横轴为空间轴。需补充一点的是：一般人们都认为光速是 300000 km/s，但在这里我们将暂时去掉“秒”这个单位。然后，用横向的空间轴来表示距离。这样，我们就可以在这个直角坐标系上对应纵横轴画出一条呈 45° 的光束运动轨迹。

接下来，我们再以巨型宇宙飞船作为参照画一条时间轴，并假设这艘飞船的飞行速度可以达到 3/5 倍光速。下面首先围绕时间轴来思考一下。

人站在飞船外观测时，会发现飞船内的光钟走得比较慢，只有飞船外速度的 0.8 倍。具体来说，如果我们在以飞船外为参照的时间轴刻度上找到 1 秒钟的位置，以此为起点画一条水平线，那么，这条水平线和飞船飞行轨迹的相交点，就是以飞船为参照的时间轴上的 0.8s。也就是说，时间在飞船外已经走过了 1s，但对应在飞船内时间才流逝了 0.8s。将水平线和飞船飞行轨迹的相交点与原点连成一条线，便可勾绘出飞船内的时间轴，并标注刻度。

反之，若以飞船内为参照，则会发现飞船外的时间要慢 0.8 倍。因为飞船正在进行惯性运动，即在飞船内的人看来自己是静止的，而飘浮在飞船外的人则正在朝反方向进行相同的运动，所以飞船内的人看到飞船外的时间才慢 0.8 倍。0.8s 的 0.8 倍是 0.64s，由此我们可以画出以飞船为参照的同时刻的轨迹线，并最终求得船外时间轴上的刻度。

以此类推，我们可以在下面的图表中画出空间轴，并标注上刻度。

公式

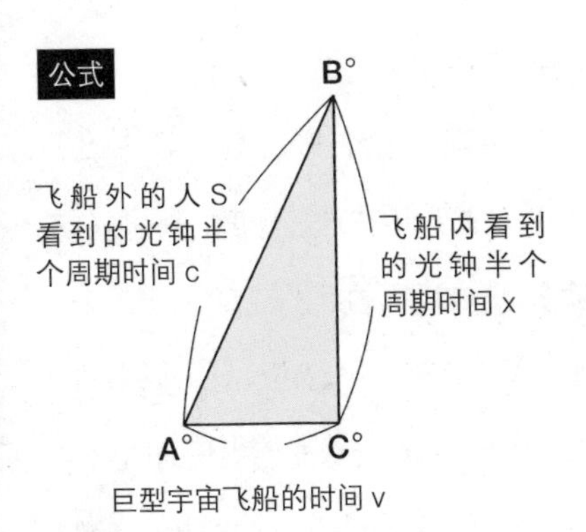

根据勾股定理可得：

$x^2+v^2=c^2$

将 v^2 移到公式右边，变为：

$x^2=c^2-v^2$

再将两边各除 c^2，可得：

$$\frac{x^2}{c^2}=1-\frac{v^2}{c^2}$$

x 和 c 都为正数，开根号可得：

$$\frac{x}{c}=\sqrt{1-\left(\frac{v}{c}\right)^2}$$

表格

c	$\frac{1}{5}c$	$\frac{2}{5}c$	$\frac{3}{5}c$	$\frac{4}{5}c$	c	巨型宇宙飞船的速度
$\frac{v}{c}$	$\frac{1}{5}$	$\frac{2}{5}$	$\frac{3}{5}$	$\frac{4}{5}$	1	巨型宇宙飞船是以多少倍光速飞行的?
$\frac{x}{c}$	$\frac{2\sqrt{6}}{5}$	$\frac{\sqrt{21}}{5}$	$\frac{4}{5}$	$\frac{3}{5}$	0	在飞船外看来，飞船内的时间延缓多久?

(s)
光
3
2
1
45°
0
c
2c
3c
(km)

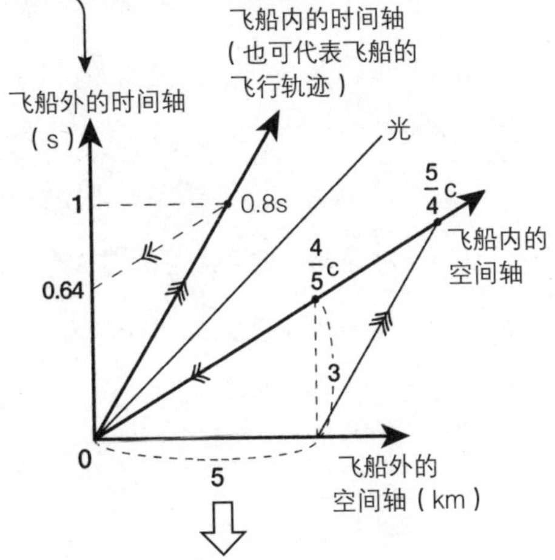

请将此图与前面 35 页的图③比较一下！

紧接着前几小节的内容，现在我们来看运动中的物体能发生多大程度上的收缩。这次我们首先导入物体的长度收缩公式。为了避免赘述，我们将看似动态的惯性系的长度简称为**“动态长度”**，看似静止的惯性系的长度称为**“静态长度”**。若在后面的解说过程中，“动态长度”“静态长度”的说法让您感到困惑难解，我们建议您可以再回到这里看一下这两个词的含义。对这个公式为何能成立感兴趣的朋友，请您再复习一下前面讲过的内容。我们在第 34 页的地方刚刚讲述过有关时空图中物体收缩的内容。

在高中数学中我们会学习到一个关于圆的方程式。点（x，y）在 x 轴和 y 轴组成的平面上有一个点的集合，这个集合的点均满足 $x^2+y^2=r^2$ 的条件，因为将所有的点连接在一起正好是个圆形，所以将这个 $x^2+y^2=r^2$ 的关系命名为圆的标准方程式。我们在其第一象限部分的圆周上取任意一点（x，y），从这个点向 x 轴画一条垂直线。该点与坐标原点之间的连线便是圆的半径。图中的 r 为静态长度；x 为动态长度；$y=\frac{v}{c}$。其中，y 表示运动中的物体的长度相较于光速的倍数。

点（1，0）的位置表示物体在静止状态下，它的静态长度和动态长度是相同的。沿着圆周从点（1，0）往点（0，1）移动，物体的运动逐渐接近光速，同时物体的动态长度也逐渐缩短。

需在此补充的是，在下面这个图中我们很容易取到点（0，1），但其实对有一定质量的物体来说，是不可能达到光速的。

由此我们还可知道，光能够以光速运动是因为它的质量为 0。

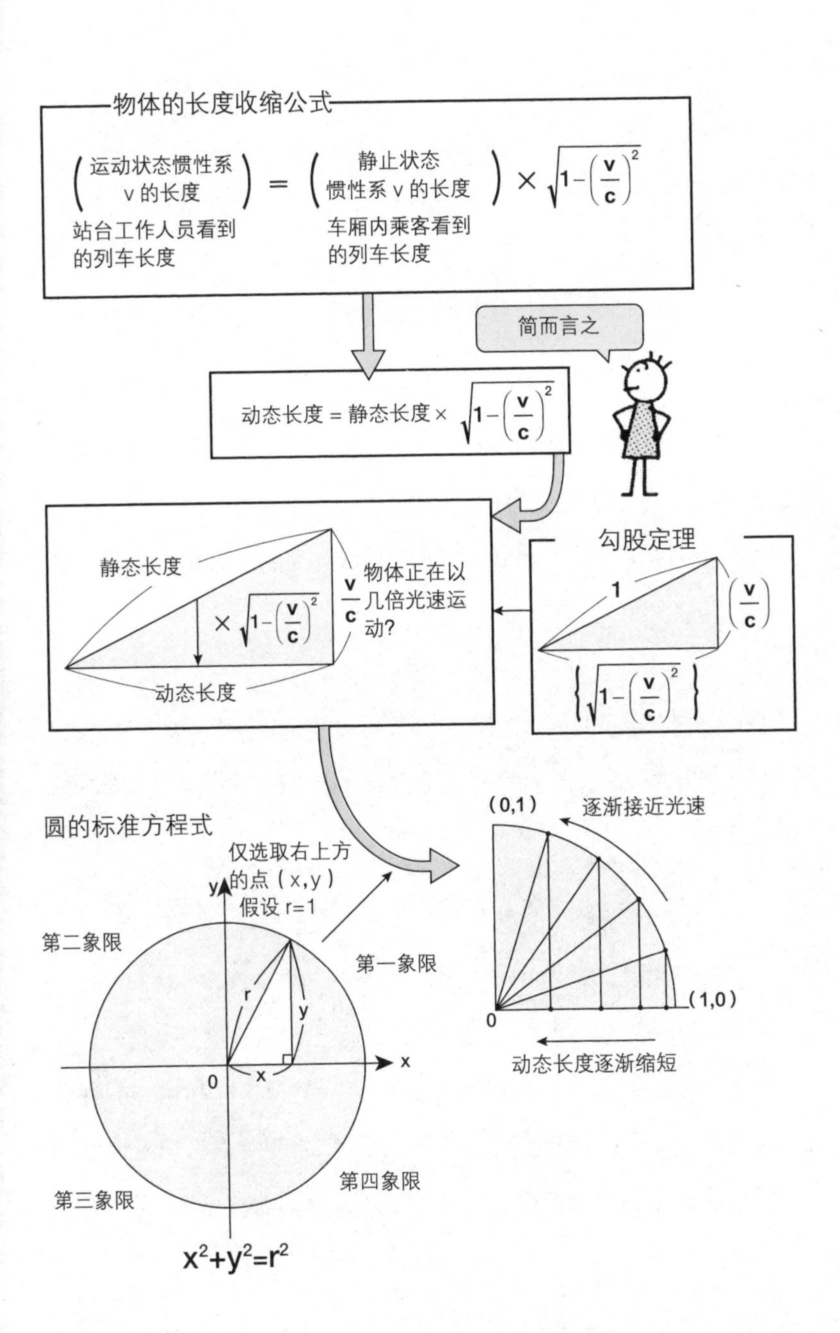

物体的长度收缩公式
(运动状态惯性系 v 的长度) = (静止状态 惯性系 v 的长度) × $\sqrt{1-\left(\frac{v}{c}\right)^2}$
站台工作人员看到的列车长度
车厢内乘客看到的列车长度
简而言之
动态长度 = 静态长度 × $\sqrt{1-\left(\frac{v}{c}\right)^2}$
静态长度
× $\sqrt{1-\left(\frac{v}{c}\right)^2}$
$\frac{v}{c}$ 物体正在以几倍光速运动?
动态长度
勾股定理
1
$\left(\frac{v}{c}\right)$
$\left\{\sqrt{1-\left(\frac{v}{c}\right)^2}\right\}$
圆的标准方程式
仅选取右上方的点(x,y)
假设 r=1
第二象限
第一象限
第三象限
第四象限
r
y
x
0
$x^2+y^2=r^2$
(0,1)
逐渐接近光速
(1,0)
动态长度逐渐缩短

若对物体不停地施加外力，物体会在空间中加速运动。这个在物理学中叫“做功”。也许会有人怀疑把这种事情称之为做功真的妥当吗？请您思考一下语言的定义。物理学中的做功其实就是改变物体能量的过程。

物体会把从外界接收到的能量以动能的形式存储。这种动能，在牛顿力学上通常用公式“$\frac{1}{2}mv^2$”（质量乘以速度的平方再除以2）来表示。在牛顿力学的世界中，对物体持续施加外力注入能量后，物体的速度即可增加，同时动能也会随之不停地增加。牛顿力学世界中的能量守恒定律就是指物体接收到的能量都将全部存储在物体内。

但是，在相对论的世界里即使同样赋予物体能量，除了速度很小的情况下（此处是关键），物体的速度并不会像牛顿力学的世界中那样增加。想要让已经非常大的速度继续增加，几乎不可能实现。

那么，通过公式“$\frac{1}{2}mv^2$”计算得出的动能去哪了？

一般来说，随着时间的推移，物体的速度会逐渐变快。但是，物体大小不变的情况下速度很难发生改变，而且速度越接近光速，其增长的幅度越接近为0。也就是说，**在相对论的世界中，有一种维持物体速度不变的倾向（惯性）。若随着时间的推移，速度增加，那么物体的质量也会随之增加。**消耗掉的动能转化为了物体的质量。

相对论是这样一个世界：一提速就会变胖！

一个速度不会随着时间的推移而增加的世界

什么是惯性质量和静止质量？

在狭义相对论的世界里，**质量指表示惯性大小的惯性质量**。

这里我们先举两个例子。比方说，你若去推站着的相扑选手，无论怎么用力都是无济于事的，但若推一个小学生那就轻而易举多了。再比如说，有一辆10万吨重的坦克正在做匀速直线运动，它自身有一种惯性，因此无论你怎么从外部施力都很难改变它的方向和速度。但如果这个对象是一艘划艇，那就简单多了。

我们将“物体在不受外力作用的情况下能够继续维持现状，即保持原来静止或者匀速直线运动的状态”的这种现象称为“惯性”。质量大的物体即使受到同等大小的外力，也很难改变它原来的速度；而质量小的物体则不同，它会因为同等大小的外力而轻易改变速度，它的惯性很小。质量有两种，除了惯性质量以外，还有一种质量叫作**引力质量**。关于后者，我们将在后面的内容中进行讲解。

总而言之，物体的速度难以发生改变是因为表示物体惯性的质量（惯性质量）在增加。

所以，在相对论的世界里若对一个物体持续施加一定外力的话，那么就会出现如图所示的情况：随着时间的推移，速度将越发难以改变；而表示物体惯性的质量则将不断变大。

而且，**随着时间的无限推移，物体的速度越接近光速，它的质量将越无限增长。**

在日常生活中，物体的运动速度很小，远不及光速，并且质量也几乎是一定的，与速度为零时的质量几乎是相等的。**我们将速度为零时的质量称为静止质量**。

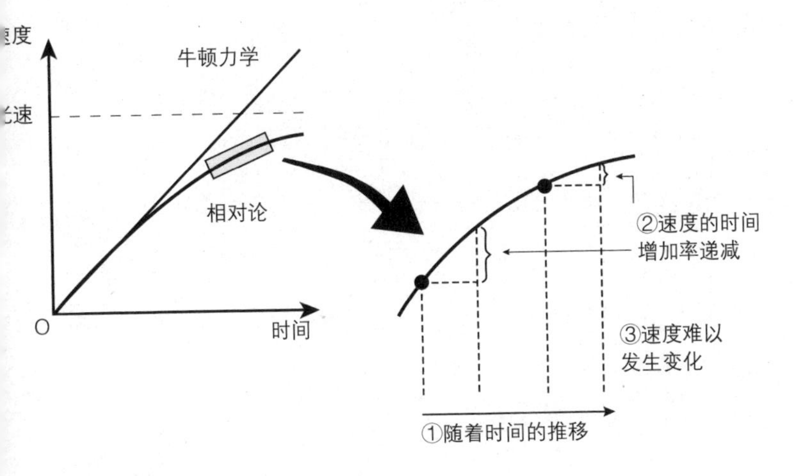
速度
牛顿力学
光速
相对论
O
时间
②速度的时间
增加率递减
③速度难以
发生变化
①随着时间的推移

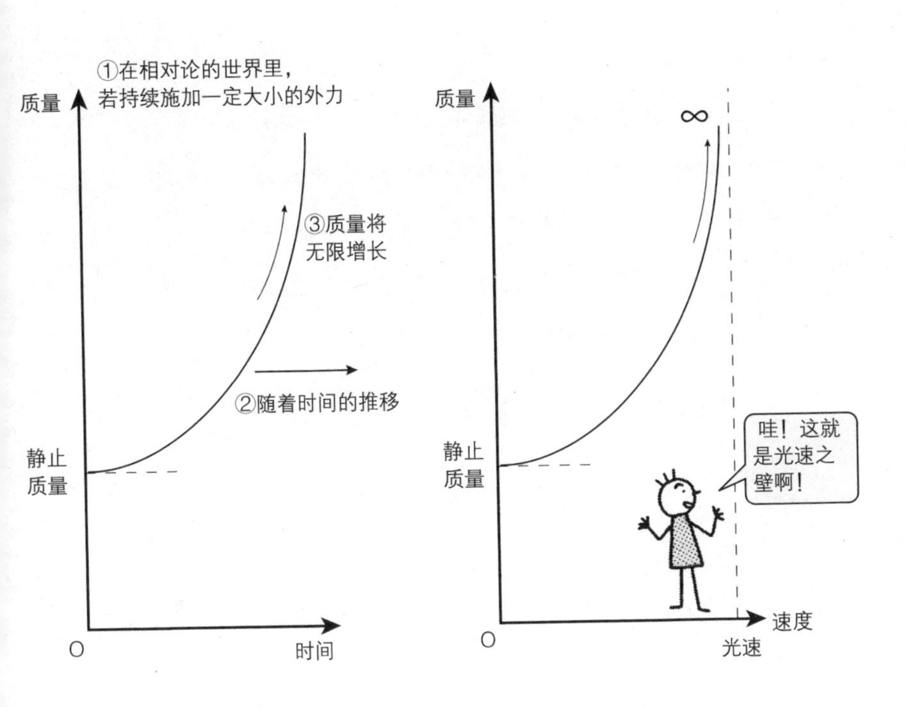
①在相对论的世界里，
若持续施加一定大小的外力
质量
③质量将
无限增长
②随着时间的推移
静止
质量
O
时间
质量
∞
静止
质量
哇！这就
是光速之
壁啊！
O
速度
光速

牛顿力学认为，通过对物体施加一定的外力而传递的能量将以动量的形式被物体悉数接收，并使其继续运动。

这就好比是你给了美女一笔金钱，她将这笔钱全部收下并把它们花在了买钻石、衣服之类的物品上。

然而在相对论的世界里，物体的速度比牛顿力学中的速度要小，缺乏牛顿力学中的动量。取而代之的是，牛顿力学中的不变因素质量，在相对论世界中会随着速度的增长而变大，转化为运动质量。所谓的运动质量，就是指运动中的物体的质量。它与静止质量，即物体静止状态时的质量，是互为对应的一对关系。

这就好比是人吃进去的营养并没有全部转化为人的动量，而是存储在了人体内。

对此爱因斯坦主张彻底改变一直以来将能量与质量区分对待的传统想法，并提出了“传递给物体的能量被用在了物体质量的增长上”的见解，**发现了能量和质量的同等性**。

虽说能量和质量是相同的，但是它们的性质并不相同，使用的单位也不同。质量的单位是千克（kg），能量的单位是焦耳（J）。从牛顿力学的动能公式“$\frac{1}{2}mv^2$”可知，焦耳（J）就是 $kg\times(m/s)^2$。因此，在以千克（kg）为单位的质量上，再乘以一定速度（m/s）的平方，如此一转换，两者便一致了。

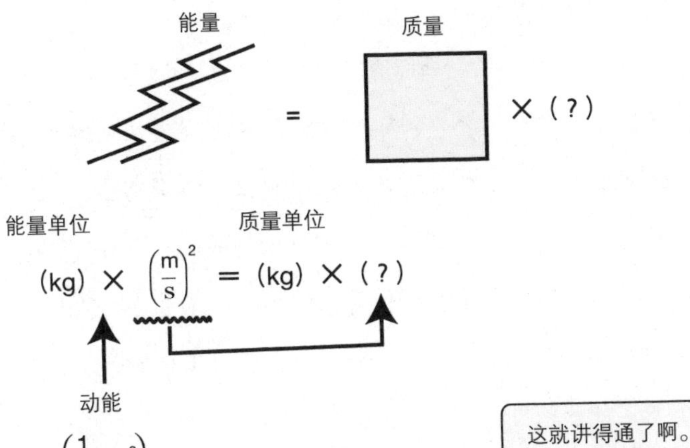
能量
质量
= × (?)
能量单位
质量单位
(kg) × $\left(\frac{m}{s}\right)^2$ = (kg) × (?)
动能
$\left(\frac{1}{2}mv^2\right)$
质量
速度

这就讲得通了啊。
总觉得有点牵强呢。

为什么$E=mc^2$?

一个物质的能量（E）等于物质的质量（m）乘以光速（c）的平方

既然物体的质量会随着速度的增加而增加（见第44页），由此可知，质量和速度之间有着密切的关系。

在牛顿力学中，质量乘以速度的积被称为“动量”。根据这个原理我们可以得知：假设一个人正在跑步，那么他的重量越大，跑步带来的势能也将越大。重量和速度的积就表示这种势能。

爱因斯坦认为：既然改变了空间和时间的概念，那么空间和时间相结合的速度就会发生变化，同时动量的内容也必须改变。下面我们来解释一下$E=mc^2$这个公式是如何推导出来的。以下我的这些解释若能让您明白其中的原理，我将感到十分荣幸。

在般若心经中有这样8个字:“色即是空，空即是色”。我们可将其解释为“色”是物质的世界，“空”是物质的能量。有人认为爱因斯坦从科学的角度解释了般若心经。这种说法容易让人觉得仿佛般若心经比$E=mc^2$出现得更早，恕我难以苟同。**一个物质的能量（E）等于物质的质量（m）乘以光速（c）的平方**，这种量化关系才是关键吧。上一节中我们已经深入解释到了这一步：$E=mc^2$，那么在这一节中我们将假设这个速度为光速。

在这个宇宙中，所有物质的质量中都封存了一样东西，这种东西经释放后产生的便是所谓的能量。要说什么东西具有这种特质，大概就只有普遍且自由地存在于宇宙间的光了吧。宇宙中能够平衡物质和能量关系的除了光以外别无他物。试想一下，原子弹爆炸释放能量时，一定会伴随强大的光辐射。我想仅这一点就能让您多少信服一些了吧。

在牛顿力学中

动量 = 质量 × 速度

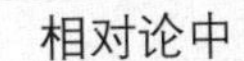

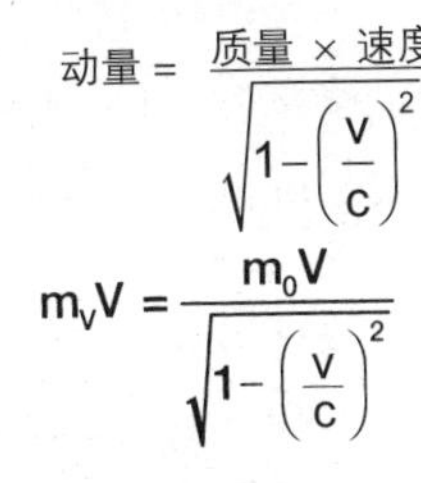

在公式两边各除以 v，可得：

$$m_v = \frac{m_0}{\sqrt{1-\left(\frac{v}{c}\right)^2}}$$

m_0：物体的静止质量
m_v：物体的运动质量

而在相对论中，

将上面的公式代入其中，可得：

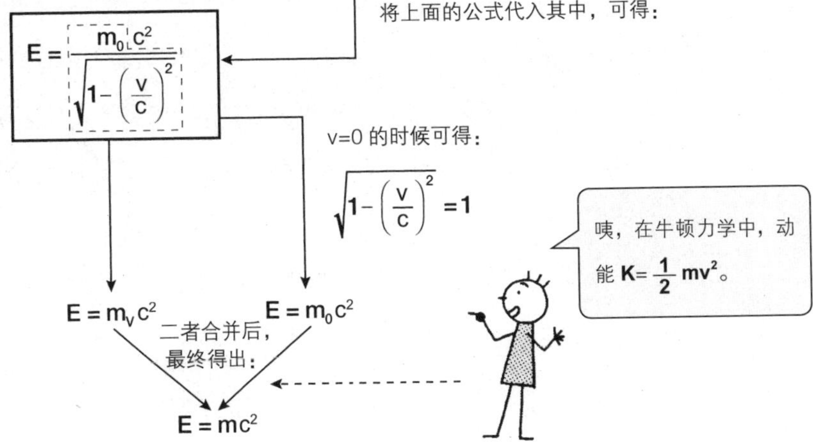

曾有四维几何学之称的狭义相对论

爱因斯坦在苏黎世大学读书时并非是一名成绩十分突出的学生。他的老师闵可夫斯基（1864—1909）在读到他写的关于狭义相对论的论文时非常吃惊，有些难以置信这竟是爱因斯坦写的。

闵可夫斯基曾用四维几何学来描述狭义相对论。

在牛顿力学中以一个时间维度和三个空间维度为平台来研究解决物理现象，并且这一个时间维度和三个空间维度之间并不存在任何关联。但是，爱因斯坦提出相对论以后，将二者连接到一起组成了四维的时空概念，在四维的广阔视野下解决物理学的问题。这种拓展后的视野也叫作**“四维时空”“四维时空连续体”“四维世界”**。我们无法用具体的形状来描述或者想象它，只能依据数学公式来表达。

时间和空间有其不同之处，只有将时间 t 以下面这个公式 u=ict 的形式来表达之后，时间坐标和空间坐标才能以同样的形式出现。这样一来，尤其在狭义相对论中，所有的公式都得以简化，整体看起来也美观不少。但是这样只会让人更加难以理解狭义相对论。本书的目的是要即便仅具备初中数学知识的读者也都能理解相对论，因而这个公式并不适合在本书中使用。正因如此，到本节为止它一直都没有被提及。

闵可夫斯基空间为广义相对论的建立提供了重要的理论框架。爱因斯坦发现在没有引力的狭义相对论的世界里，可以通过闵可夫斯基空间的曲率构筑一个有引力场的广义相对论。

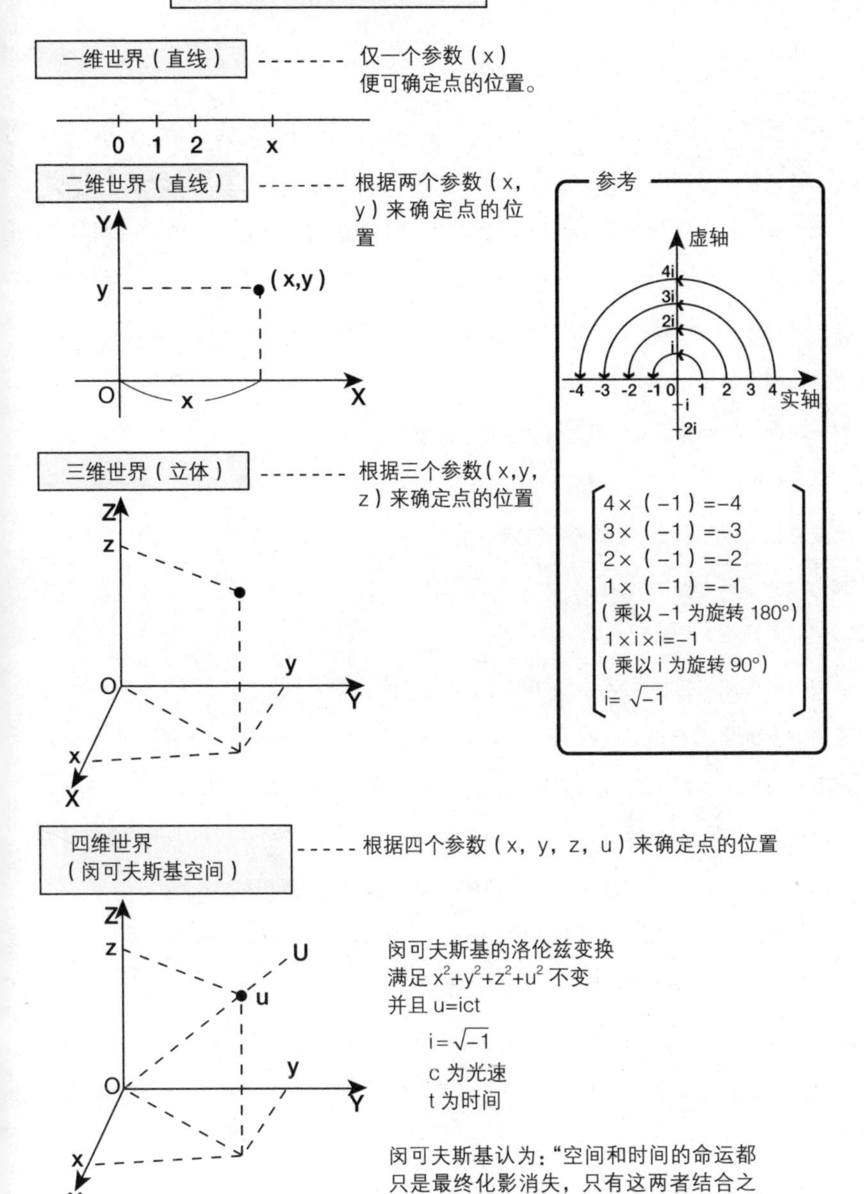

闵可夫斯基的洛伦兹变换

满足 $x^2+y^2+z^2+u^2$ 不变

并且 u=ict

$i=\sqrt{-1}$

c 为光速

t 为时间

闵可夫斯基认为："空间和时间的命运都只是最终化影消失，只有这两者结合之后方能永远独立地存在。"

专栏

爱因斯坦的生平② 脱离德国，定居意大利、瑞士的日子

19 世纪 80 年代，德国的电气和化学工业迅猛发展，企业的优劣差距随之日益扩大，社会曾一度陷入了混乱的状态。在这样的社会背景下，德国国内反犹太人的呼声高涨不停。因而，爱因斯坦在德国上学期间，总是遭到同班同学的欺凌、辱骂。

虽然外部环境十分恶劣，但是爱因斯坦拥有一个温暖的家庭，这使得他依然能够保持精神上的安宁淡然。然而，长期的经济不景气导致当时德国的社会状况越来越糟糕。操纵着大规模交流电的西门子等大企业一跃而起，而爱因斯坦家的小企业局限于直流电，渐渐地陷入了难以维持经营的境地。终于，在爱因斯坦即将毕业之时，父亲带着家人迁居到了意大利的米兰，把爱因斯坦一个人孤零零地留在了学校。

爱因斯坦实在无法忍耐这种孤独，也无法忍受希腊语教学并全靠死记硬背的课堂，最终选择了中途退学，没有完成学业。不仅如此，他还追随家人的步伐，放弃了德国国籍。

爱因斯坦来到意大利与家人团聚后，开始过起了任性而又愉快的日子。不料，他父亲的事业再一次遭遇了失败。而后爱因斯坦一家又迁居到了帕维亚，然而父亲的事业依然不太顺利。现实的状况使得爱因斯坦不能再继续啃老，于是他开始寻找没有高中毕业证书也可以接纳他的学校。

适合他的学校很快就找到了。这所学校就是瑞士德语圈内非德裔的苏黎世高等工业学校（后更名为苏黎世联邦工业大学）。爱因斯坦虽然没有通过该校的入学考试，但是因为数学和物理两门科目都得了最高分，所以校长为他放低了要求，承诺只要他能够找一所高中拿到毕业证书，一年后便可进来学习。为此，他被编入瑞士阿劳的阿尔高州立学校，并寄宿在该州立学校的一位教授家里。这位教授家里的环境氛围十分温暖，后来爱因斯坦还与教授的女儿谈起了恋爱。慢慢地，爱因斯坦开始变得精神奕奕，还做起了他“与光共舞”的白日梦。

3

跟随量子力学一起走进微观世界

一个用飞机来验证钟慢效应的男子

一项证明了相对论预言的实验

1971年，两个美国人，哈斐勒和基亭将4个铯原子钟装在飞机上，在10km高空飞行了大概20个小时，试图观察华盛顿地面的标准时钟和飞机上的原子时钟之间是否会有偏差。关于时间的延缓有两种效应：一种狭义相对论上的效应，运动中的物体的时间流逝较慢；另一种是广义相对论上的效应，远离地表的物体的时间流逝较快。关于后者我们将在本书后面的内容中展开说明。

实验飞机的时速为900km。地球自转在赤道处的时速为1667km，是新干线的8倍。若飞机绕赤道向东行驶，这样恰好与地球的自转方向相反，相对于地面来说，它的实际速度应该是地球的自转速度加飞机的飞行速度，变得更快了；反之，若飞机向西行驶，速度就变成了地球的自转速度减飞机的飞行速度，将会变得很慢。也就是说，飞机向西行驶的情况下，它的匀速速度小于地球的自转速度，并因速度的原因，飞机上的铯原子钟时间走得比地面上的时钟要快。而且，由于高空飞行，时间本身就会比地面上的快一点。实验结果显示，20小时的飞行之后，飞机上的钟慢270纳秒（ns）（1纳秒等于十亿分之一秒）。

另一方面，向东行驶的飞机，实际速度比地球自转要快，因而时间就走得慢。但是，由于高空飞行，时间会比地面上的快。两个时间差相互抵消后的结果显示，时间变慢了，慢大约40纳秒。这个实验的结果和相对论的预言正好完全一致。

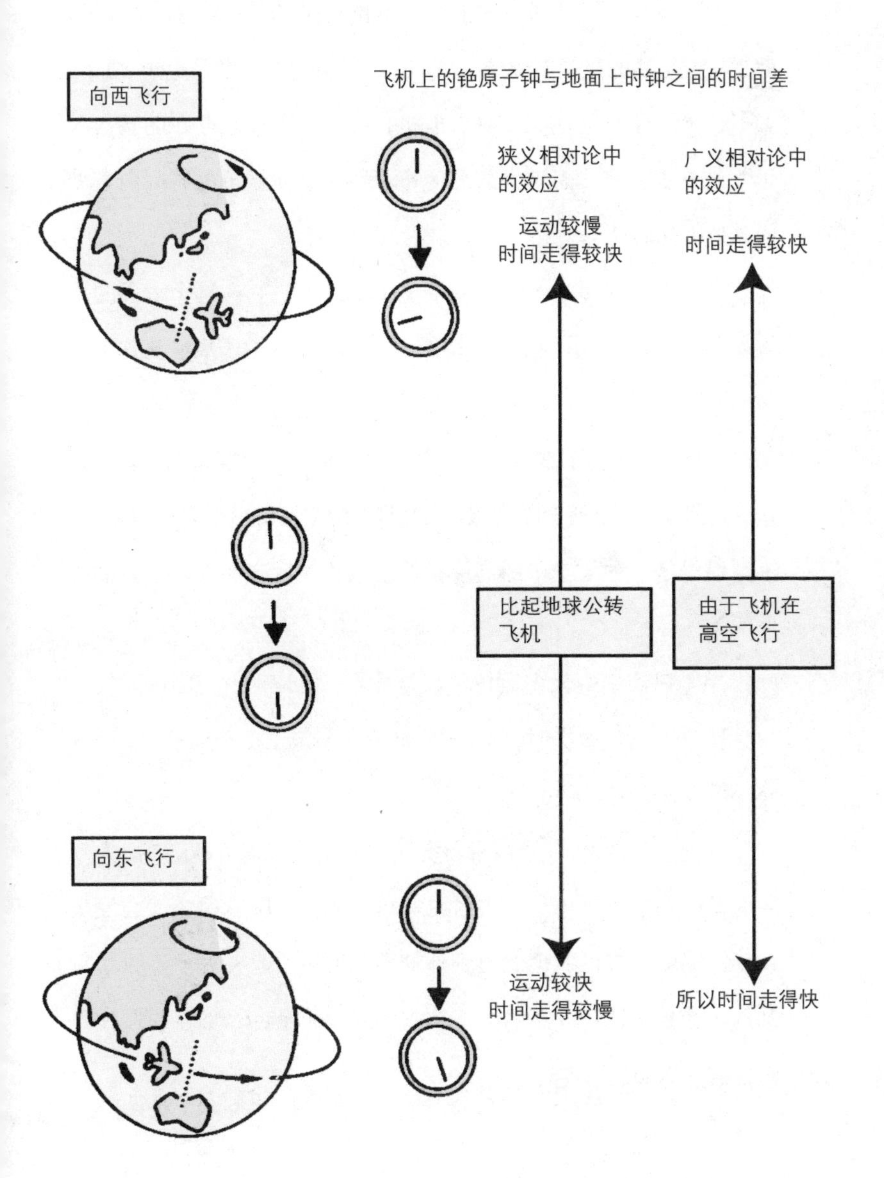
向西飞行
飞机上的铯原子钟与地面上时钟之间的时间差
狭义相对论中
的效应
广义相对论中
的效应
运动较慢
时间走得较快
时间走得较快
比起地球公转
飞机
由于飞机在
高空飞行
向东飞行
运动较快
时间走得较慢
所以时间走得快

原子由电子、质子、中子等基本粒子构成。**所谓的基本粒子，就是构成物质的最基本单位。**目前已知的基本粒子除了电子、质子、中子以外，还有其他几十种。但是，我们身边普遍存在的基本粒子并没有那么多。而且大部分的基本粒子会在极短的时间内衰变成其他常见的粒子。

比如有一种基本粒子叫作 μ 子（muon），它在这个世界的平均寿命仅 2 微秒（μs），在分解成电子和两个中微子后便从这个世界消失了。1 微秒极短，相当于百万分之一秒。这种 μ 子来自宇宙。宇宙中充满了宇宙射线。恒星（像太阳这种自己会发光的星球）到达一定寿命时，最终会发生爆炸，并且会随之放射出很多宇宙射线。宇宙射线是一种太空中的高能量放射线，并且这种放射线会进入地球大气层。

宇宙射线中绝大多数粒子都是质子，但是当射线穿透大气层与空气分子发生撞击时，会产生 π 介子、电子、正电子等，而 π 介子很快就会衰变成 μ 子。

光速 300000km/s 乘以百万分之二秒后，仅得 0.6km。而大气层的厚度是数百千米。宇宙射线一旦穿入大气层后很快就会发生衰变，按理没有可能会放射到地球上。然而，地表每平方厘米每秒就会受到大概 100 次的射线撞击。这到底是怎么回事呢？让我们赶紧看下一节内容吧。

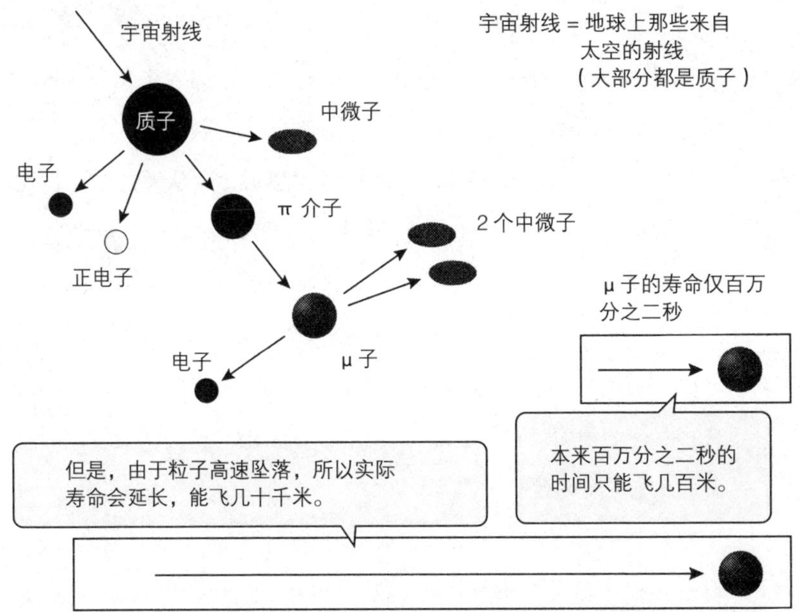

假设 μ 子以 99.94% 的光速运动，那么：

当 $\frac{c}{v}$ =0.9994 时，$\frac{1}{\sqrt{1-\frac{v^2}{c^2}}}$ 约为 29 倍

因为时间会变慢，所以 μ 子的寿命也会延长大约 29 倍。

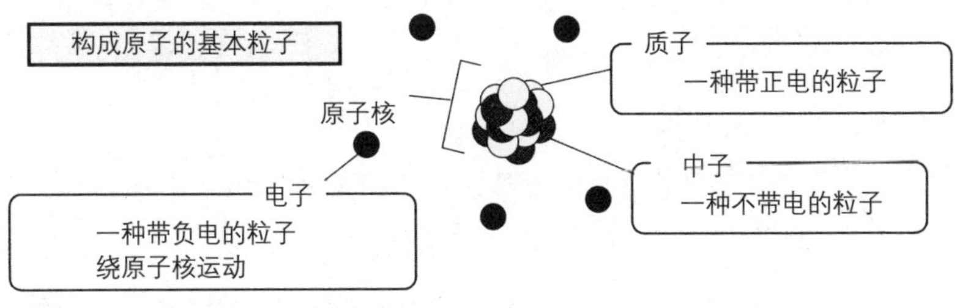

除此之外，自然界中还有几十种基本粒子存在。

相对论对生命进化的贡献

一项证明了μ子寿命延长的实验

汤川秀树博士因预言介子的存在而获得了诺贝尔奖。介子在1937年被观测发现并正式命名。但是，随后人们很快发现这种粒子并非介子，而是与电子共存的一种粒子，因而将其更名为μ子。来自太空的宇宙射线与大气中的分子发生撞击，从而产生了二次宇宙射线再放射到地面上。这种二次宇宙射线主要由μ子组成。μ子的寿命跟人一样，长短不一。其平均寿命大概是百万分之二秒。按这个寿命时间来计算的话，它应该只能运动0.6km，不可能穿透厚厚的大气层而来到地面。但是因为μ子是高速射向地面，从狭义相对论的角度来看，以地面为参照，μ子的运动时间变慢，因而看起来它的寿命延长了。

虽然从μ子本身来看，它的平均寿命依然只有百万分之二秒，但是在狭义相对论的世界里，我们可以说大气层到地面的距离缩短而使得很多μ子都可以到达地面。一般认为，μ子到达地面的结果就是和生物基因发生撞击，使其突然发生变异，从而促进了生命的进化。μ子有一种属性，当它在完全穿透物质时，会根据物质的密度和穿透距离或被吸收，或改变运动方向，所以常被用于探测火山和金字塔内部的情况。曾经媒体还公开过利用μ子透视福岛第一核电站的画面。

μ子的寿命延长在加速器的实验中也得到过确认（具体见下一节）。这是一项1976年在瑞士日内瓦的CERN（欧洲核子研究组织）进行的实验。

该实验是将μ子加速到99.94%的光速后暂存在存储环中，观测μ子衰变时产生的电子，并测定它的半衰期。

同时把μ子的平均寿命定义为半衰期的1.4427倍。半衰期就是粒子半数发生衰变的时间。通过这项实验，科学家们发现 μ 子在 99.49% 的光速下的半衰期是 44 微秒，是静止状态时的 28.9 倍。这个结果与相对论中的推测是一致的。

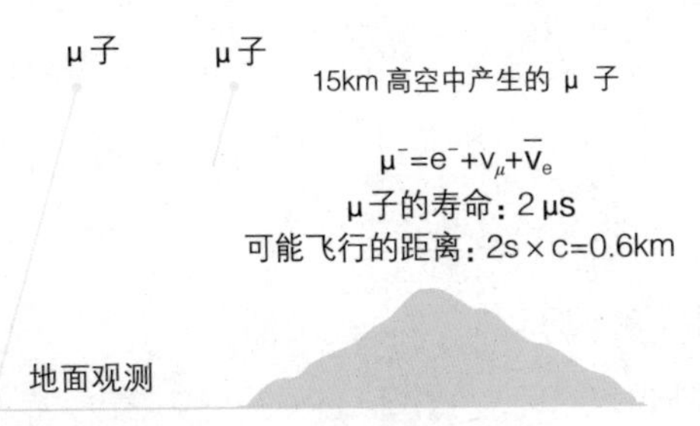

相对论的实验证据 1：μ 子的寿命

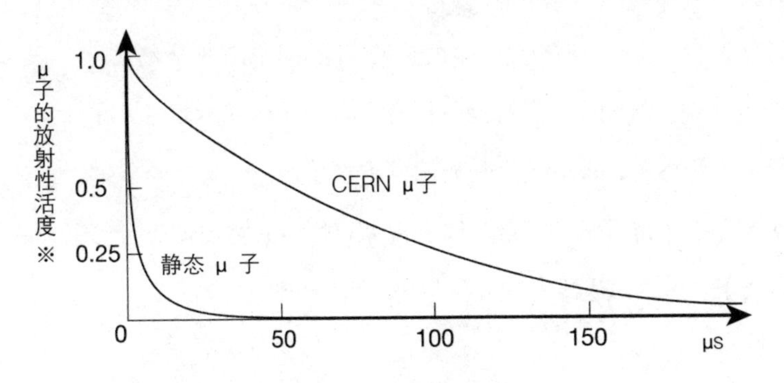

相对论的实验证据 2：μ 子的衰变曲线

※
放射性活度是一种概率。
放射性活度 1 表示全部残存；残存率 0.5 表示只剩最初的一半。
放射性活度 0 表示一点不剩。

加速器是一种有助于解开宇宙创生之谜的机器。

将能量转换为物质！

加速器是一种基于狭义相对论而设计出来的巨型机器，或者说巨型装置。这种装置内安有几块超导磁石，形成一种复杂的电场和磁场，**通过电的力量使带电粒子加速，直到粒子的速度接近光速为止。**

电子可被加速到光速的0.99999999倍。小数点后有8个9，可见这种速度已经极其接近光速了。质子因为比电子重很多，它的质量是电子的1840倍，所以只能被加速到光速的0.997倍。加速需要能量，然而大部分能量都转换成了质子的质量。因此，加速后质子的质量是它静态时的13倍。

这个数值和爱因斯坦提出的质能方程 $E=mc^2$ 中推导出来的值是一致的。

根据狭义相对论设计的加速器按预期运转，正好证明了狭义相对论的正确性。爱因斯坦的这个公式不仅表示了物质的质量可转化为能量，反之亦成立。也就是说，能量也能转换成物质。

比如，将光子（只有能量没有质量的光的基本粒子）在加速器中进行撞击，将会产生物质的基本粒子。这个发现给宇宙物理学者关于宇宙进化的起源，即宇宙大爆炸时的物质创生带去了很多线索。这个加速器也是探查宇宙诞生时状态的机器。

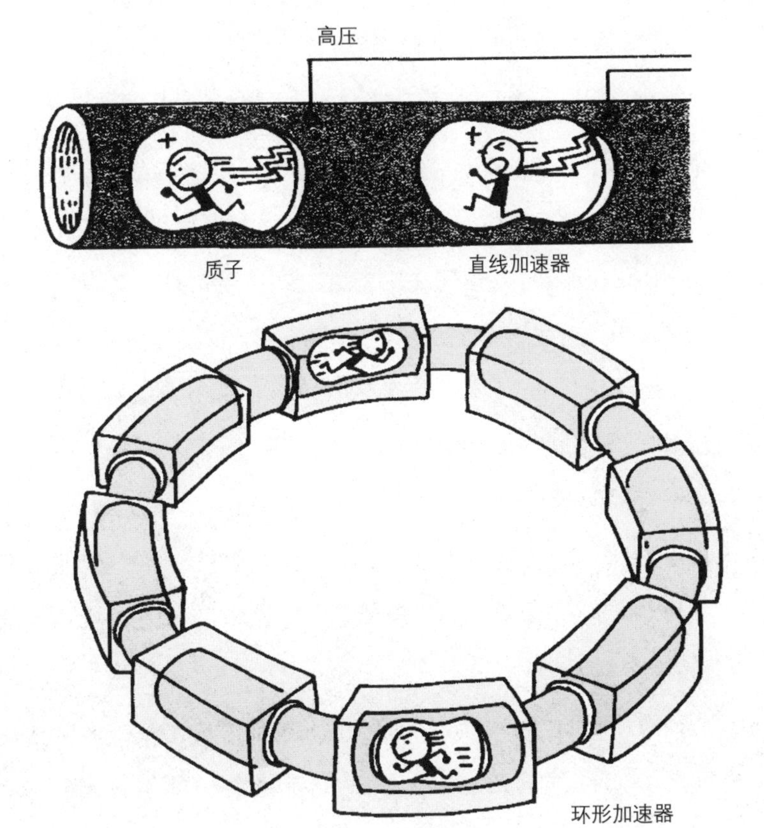

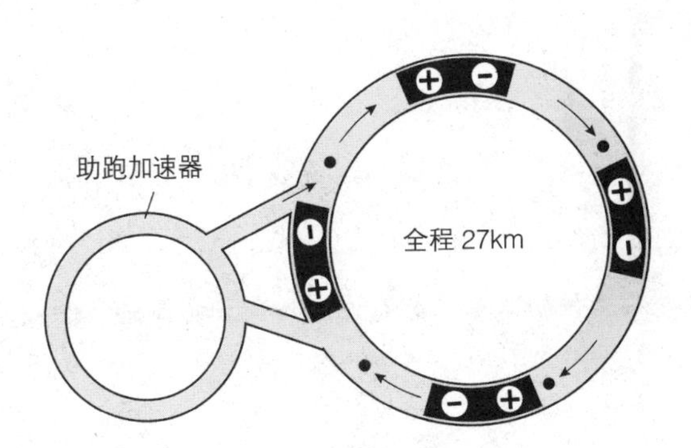

当质子接近高速时，
其质量约为原来的 13 倍

上一节中我们简单接触了一些关于宇宙创生的问题，在这一节中我们换个话题来看看身边的癌症治疗。利用放射线杀死癌细胞的治疗法从很早以前就开始被运用了，这种疗法的副作用比用抗癌剂的化疗法要小。这种放射疗法的其中一种就是利用π介子，也就是汤川秀树博士所推测的介子中的一种。但是π介子的寿命原本只有一亿分之一秒，无法保存。这样一来每次照射都必须要重新创造，治疗的费用就会飙升。

于是，我们利用一种类似加速器微型版的存储装置，让π介子在装置中以近乎光速的速度进行圆周运动。这样一来，可以使π介子的寿命延长至1~2个月而存储下来。这就是狭义相对论中时间延缓的效应。

π介子（如右页图所示）衰变后变成高能量的γ射线。π介子就算是在以几近光速的速度运动时，它放射出来的光线也依然是以光速运动。若按常规思维来看，一种物体以接近光速的速度运动，那么它前方发射出来的光应该是光速的2倍。然而，事实证明并非如此。因此，光速不变原理在此也得到了印证。

加速器的规模越来越大，消耗了国家的一大块财政开支，这也是狭义相对论的效应所带来的结果。因为越是加速，基本粒子的质量越是随之无限增加，如此一来便需要更多的能量投入加速。

综上看来，加速器真的有许多价值。各位读者朋友，你们是怎么认为的呢？

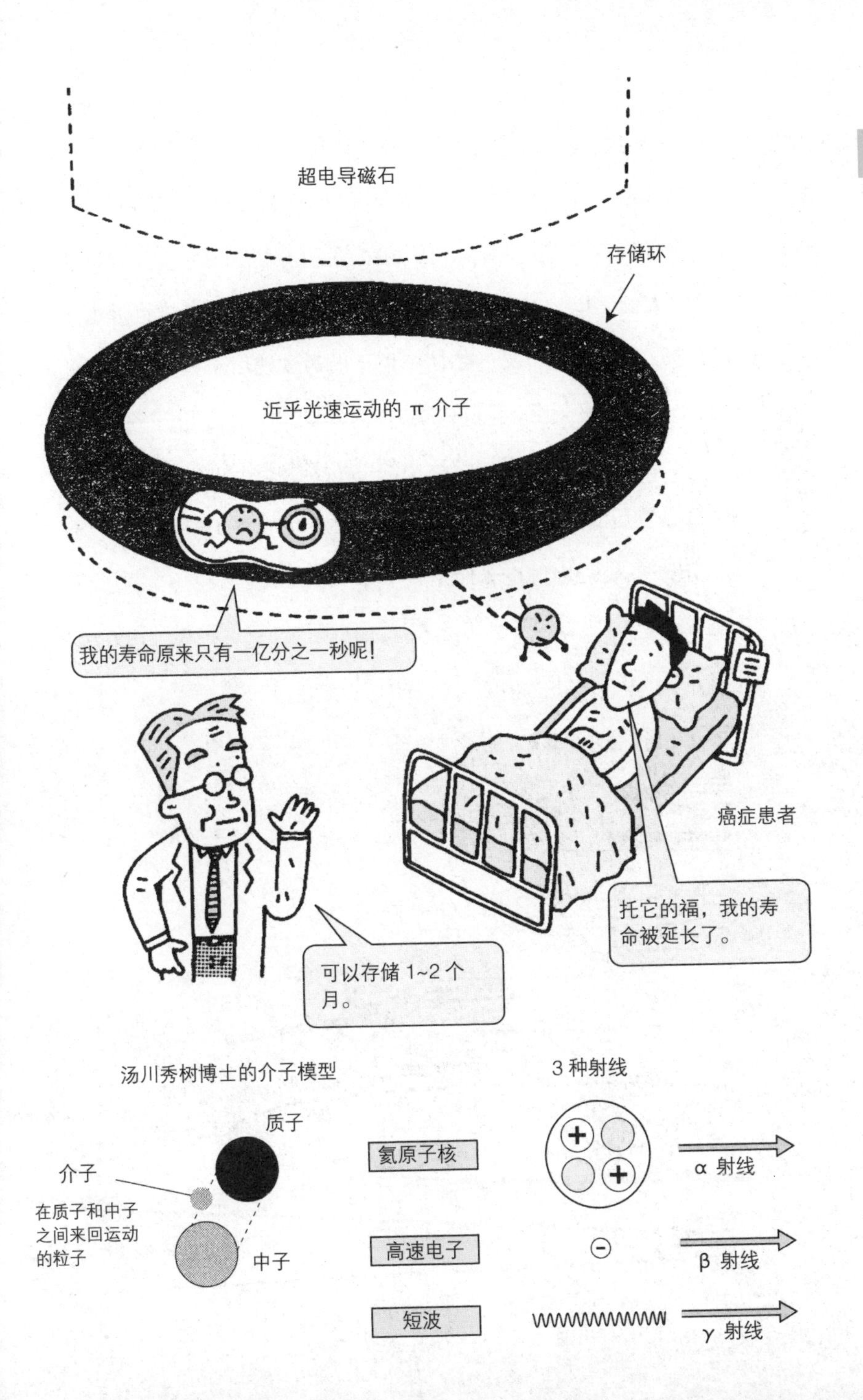
超电导磁石
存储环
近乎光速运动的 π 介子
我的寿命原来只有一亿分之一秒呢！
癌症患者
托它的福，我的寿命被延长了。
可以存储 1~2 个月。
汤川秀树博士的介子模型
质子
介子
在质子和中子之间来回运动的粒子
中子
3 种射线
氦原子核
α 射线
高速电子
β 射线
短波
γ 射线

我们身边运动速度最快的东西是什么？

答案是地球。地球以 30km/s 的速度绕太阳运转。即便如此，与 300000km/s 的光速相比，也只有它的万分之一而已。现代物质文明中人们引以为豪的新干线、飞机、人造卫星的速度也远远不及光速。我们肉眼可见的物体中地球的运动速度最快，即便如此也几乎看不到狭义相对论的效应。

但是，在原子或者比它更小的粒子等肉眼不可见的微观世界里，随着物质的分解，有很多东西都能以接近光速的速度进行运动。

比如，传导电的电子便是其中一例。在 X 射线发生装置或者加速器等设备里，粒子会带电并加速到很快。**在这种微观世界里，**

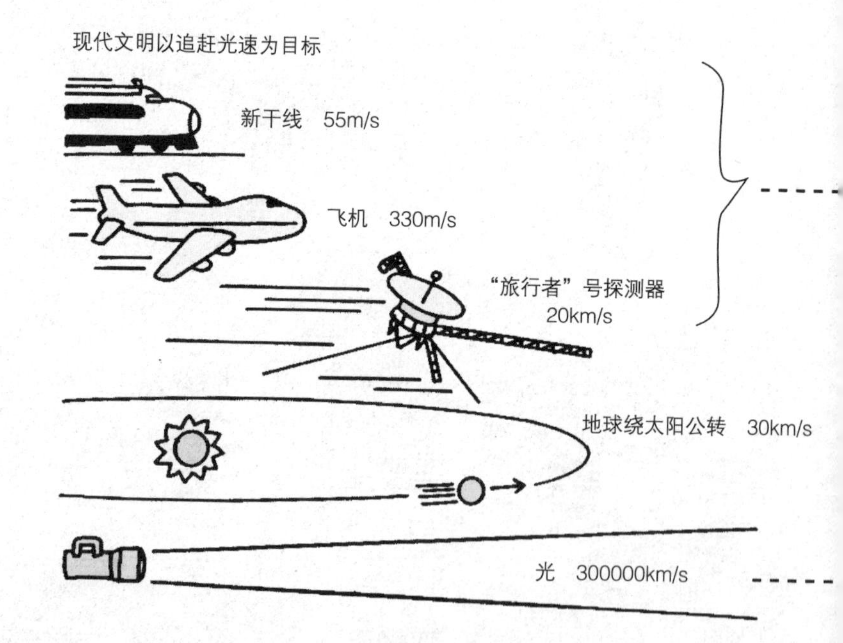

狭义相对论的效应体现得非常明显。

相对论与量子力学被并称为支撑 20 世纪物理学的两大理论基础。电视机、电子计算机、X 射线仪等设备、核能的利用等技术的产生和应用，都是因为相对论和量子力学的发现极大改变了物理学的思维。

虽然牛顿力学所描述的关于物体的速度远不及光速这一结论是非常正确的，而且它在很大程度上支撑着现代物质文明的发展，但是像新干线和飞机等高科技交通工具若是没有计算机和通信器便无法启动，其内部系统主要靠电子和电波的作用而不停地运转。另外，电视机的遥控器也是牛顿力学和相对论两个理论相互结合应用的产物。

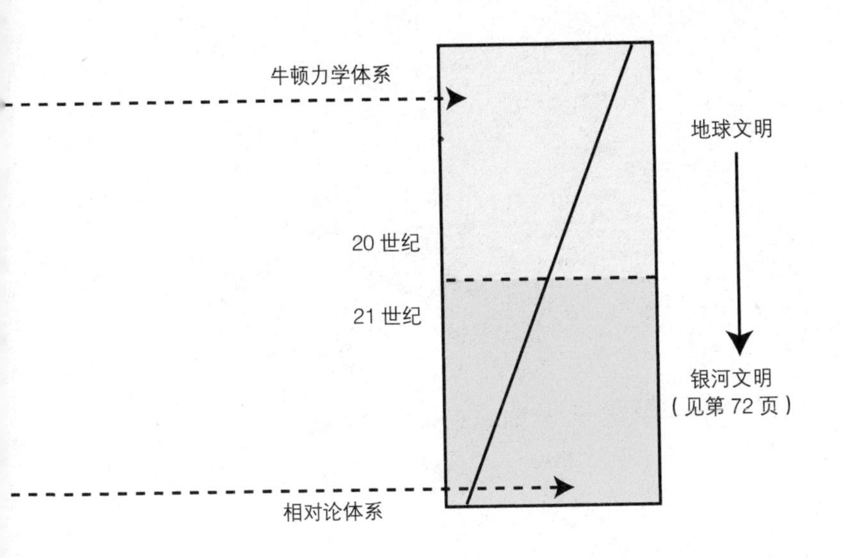

事实上，使狭义相对论的效应实用化的并非只有加速器，还有一种鲜为人知的运用就是**核能发电**。这两者不同的是，加速器中的能量主要用于增加质量而非加速；而核能发电则主要是将质量转化为能量。从这个意义上来讲，核能发电装置也可以理解为反加速器。

在爱因斯坦发现质量和能量能够相互转换之前，质量和能量是两个完全不相干的概念。即便是在爱因斯坦发现了这个奥秘之后，也无人能想象到从原子核中提取实际的能源。因为引发核反应所需的能量远比核反应所产生的能量要多得多。

1938 年，德国的奥托·哈恩发现了核裂变现象。这个发现一时间在物理学家中间引起了很大的轰动。

物理学家们还从中发现铀含有 3 种同位素。这 3 种元素的质

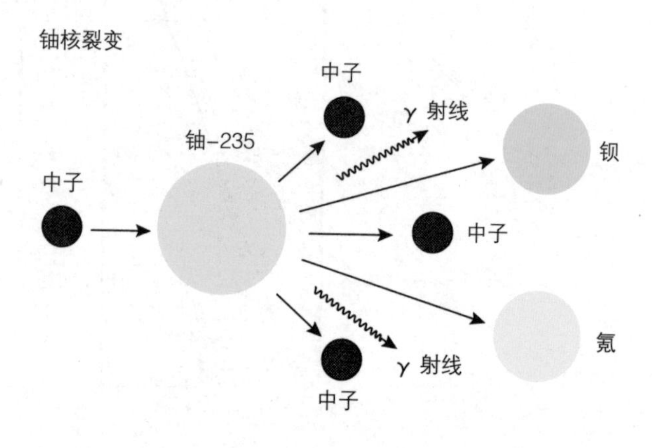

子数相同，在元素周期表中也处于同一个位置，只是中子数有些不同而已。其中，3 种元素中能引发核裂变的是**铀-235**，但这种元素在天然铀中的含量只有 0.7%。

当铀-235 受到缓发中子的轰击时，一个铀-235 原子核会吸收一个中子，突变成葫芦的形状，然后分裂为两个质量较小的原子核，同时释放 2~3 个中子。裂变产生的中子又去轰击另外的铀-235 原子核，引发新的裂变，于是新的裂变又使原子核继续释放中子。铀的核裂变就这样循环往复持续进行。

若急剧地引发这种铀的链式反应，就会产生原子弹爆炸。但是核反应堆可以很好地控制这种链式反应，让核裂变缓慢地进行。因而可以将核裂变反应运用于核能发电。

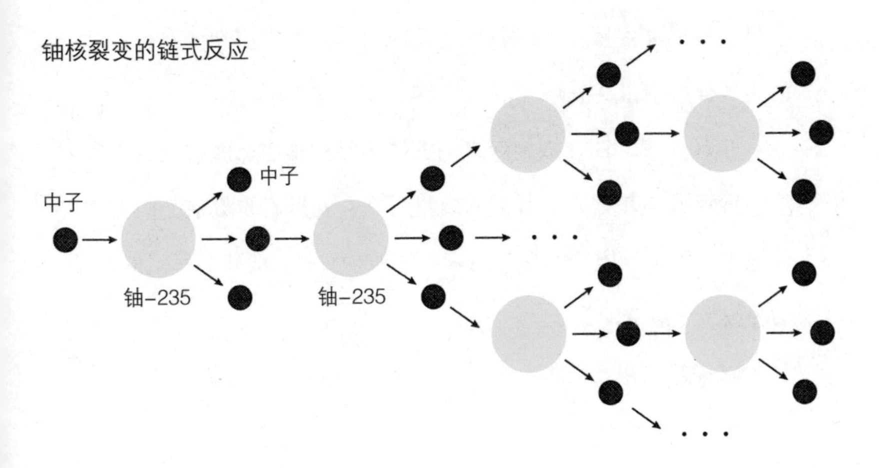

核裂变和核聚变源自同一原理

太阳的能量源自核聚变

上一节中我们已经说明了核裂变的原理，接下来在这一节中我们将解释一下核聚变的原理。其实核聚变跟核裂变一样，同样是依据爱因斯坦提出的质量和能量可转换原理而成立的现象。

如图所示，图中形象地分解了 4 个质子聚变成 1 个氦原子核的过程。在聚变的过程中，氦原子核的重量与原来的 4 个质子相比减轻了 0.4%，减轻的这部分质量差被转换成能量释放出去。我们看到的光芒四射的太阳，它的能量就是源于**核聚变**。但是，原子核无论发生聚变还是裂变都会释放能量。您是否觉得这种现象很奇怪呢?

在诸多的元素中，铁元素的原子核最稳定。以它为基准来看原子核的反应大致是这样的：比铁原子核轻的会发生聚变，同时释放一定的能量；相反，比铁原子核重的则会发生核裂变并产生一定的能量。在比铁原子核更重的原子核中，原子核越大，则核聚变反应越慢。铀是自然界中能够找到的最重的元素，它的聚合也是最慢的，并且原子核裂变之后铀的质量亏损比裂变产生的铀的质量亏损总和要小。

也就是说，**铀在核裂变之前的质量亏损很小，而在裂变之后的质量亏损总和很大。**所谓的质量亏损，就是用质量减少的形式体现出的原子核减少的综合能量。这种裂变前后的质量亏损的差，会释放出核裂变的能量。

核能之所以比石油燃烧等产生的化学能量大很多，是因为核力远远大于电磁力。

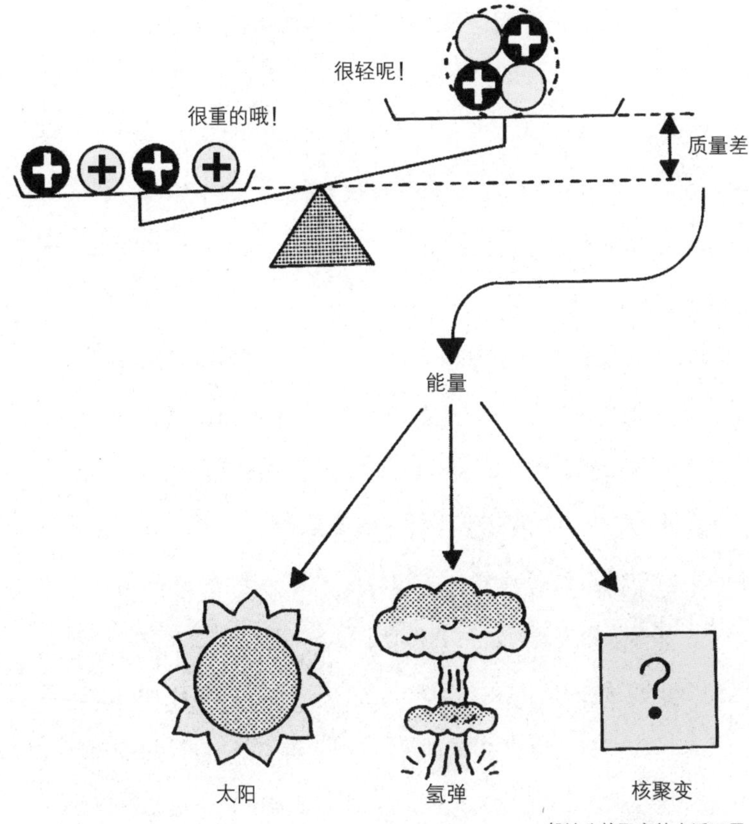

一般认为核聚变的广泛运用
始于 21 世纪中期左右

在地球上模拟太阳的核聚变反应

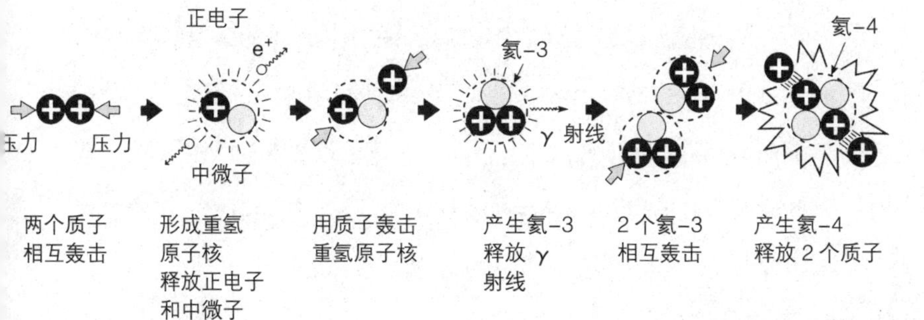

相对论让银河旅行不再只是梦想？

理论上可行的技术一定会实现

银河系中充满了氢气等星际物质，有一名男子想利用这些星际物质开启遥远星球的太空旅行。这个人就是美国物理学家巴萨德，他在 1960 年发表了这种想法。如右页图所示，在核聚变反应炉的入口吸收星际物质，并将其转换为能量，剩下的则当作喷射物喷射出来推动飞船前进。正如上一节中的说明，核聚变也运用了狭义相对论。

依据狭义相对论的原理，通过地表重力产生的加速度（1G）来不停地加速宇宙放射线一事在理论上是可行的。电影《2001：太空漫游》的原著作者亚瑟·查理斯·克拉克也曾讲过，迄今为止的人类史上还未有过理论上可行却未实现的技术。原理上，持续以 1G 的速度加速，其产生的效果跟地面上是一样的（这个依据广义相对论的等价原理而得。关于此原理，本书在后面还会具体展开），因而会比较适合飞船内的地球生物生存。乘坐以 1G 的加速度加速的飞船，人在其一生内可去的岂止是太阳系，还有可能是银河系，甚至宇宙的尽头。不管怎么说，这都是根据狭义相对论的效应使得宇宙飞船内的时间被缩短到接近于光速后得出的结论。

关于银河旅行的距离和时间，请参看右页石原藤夫的图表。

石原博士设想了 100 光年的旅行中可能遇见的其他星际文明，并指出实际旅行会比电波通信更快抵达目的地。也就是说，用电波的话往返需要 200 光年，但是宇宙飞船以 90% 的光速航行，它的时间会被缩短，只要 44 年就够了。关于其他相对论效应请参阅石原博士的《SF 相对论入门》（讲谈社科普系列）。

巴萨德冲压发动机推进系统的基本构造
（R.W.Bussard Astronautica Acta，1960）

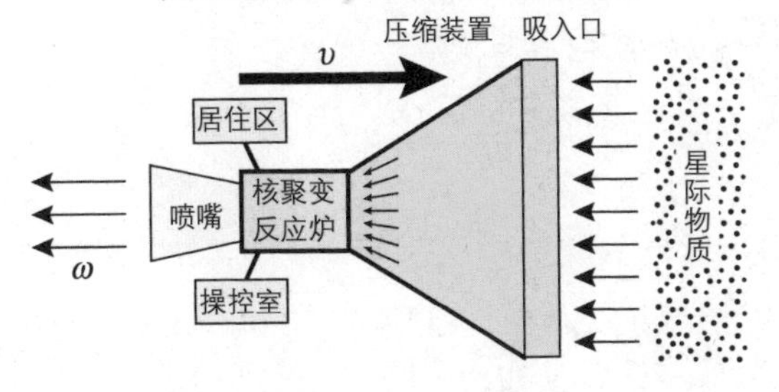

加（减）速度为 1G 的银河旅行的距离和时间
（石原藤夫《银河旅行——恒星之间的旅行可能吗》，讲谈社，1979）

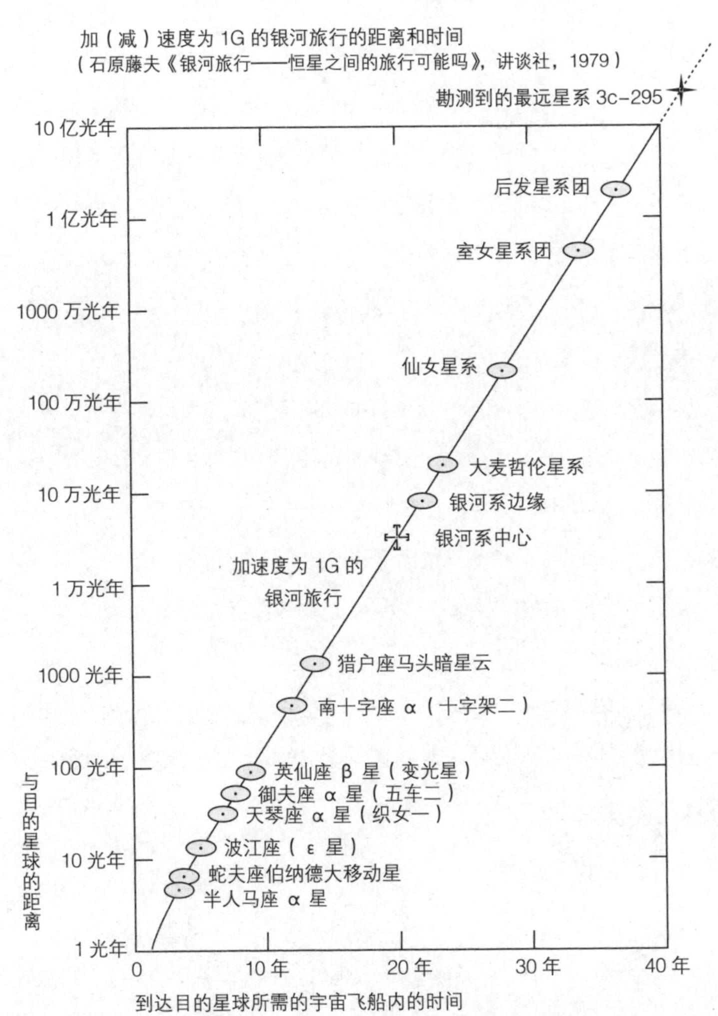

专栏

爱因斯坦的生平③ 从瑞士再折回德国

1896 年 10 月，爱因斯坦如愿进入了苏黎世高等工业学校。虽然教授们都觉得他是一个狂妄自大的学生，但是他在那里结识了好朋友，还跟班里比自己大 4 岁的塞尔维亚学生米列娃谈起了恋爱。

1900 年，爱因斯坦从工业学校毕业了。他是班里 4 个人中成绩最差的那一个。最后其他 3 人都留校做了助教，只有他待业。无奈，爱因斯坦只能依靠当家教勉强糊口。直到 2 年后，他才终于成为位于瑞士首都伯尔尼的瑞士专利局的技术官员。这下爱因斯坦有了稳定的职业，也跟米列娃结了婚，有了稳定的家庭，他开始跟社会上很多志同道合的人进行深入的交流，沉浸在研究的快乐之中。

1905 年，爱因斯坦发表了三篇革命性的论文，论述了光量子假说、布朗运动的分子论、狭义相对论。

最早给予爱因斯坦肯定评价的是德国的普朗克。随后，法国的庞加莱和居里夫人这些有名的大学者也很快认可了他。受到大学者们的认可之后，爱因斯坦开始不停地发表论文。1908 年，他被聘为伯尔尼大学的无俸讲师。爱因斯坦的研究越来越出名，次年，他被任命为苏黎世大学理论物理学的编外教授。

1911 年，爱因斯坦被布拉格大学聘为理论物理学教授，次年回到瑞士母校任教。此时的母校已升格为大学。

1913 年 11 月，在普朗克等人的积极运作下，爱因斯坦终于当上了柏林大学的教授。但是妻子米列娃无论如何也不愿意去柏林，于是在次年 3 月，爱因斯坦将妻子和两个儿子留在苏黎世，独自前往了柏林。

4

广义相对论的全貌

广义相对论虽然突破了狭义相对论的界限，但是却与牛顿的万有引力定律相矛盾。

为此而烦恼的爱因斯坦终于在1907年想出了一个具有划时代意义的点子，他自称这是其人生中最令人感到幸福的一个想法。

爱因斯坦说："当时，我正坐在伯尔尼专利局的办公椅上，脑子里突然闪现出了一个想法，**'假设有一个人进行自由落体运动，那么这个人在下落时肯定感受不到自己的重量'**。这个简单的想法给我留下了十分深刻的印象。"（摘自石原纯《爱因斯坦演讲录》）

关于这一点，其实早在17世纪伽利略提出"大小铁球进行同样的自由落体运动"这一定律时已经被发现了。比如，我们在人的脚下放置一个体重计，然后使人和体重计从高楼的屋顶上一起落下，你会发现人和体重计同时开始做自由落体运动，这时体重计上显示的值为零（实验专用）。

接下来，假设你走进一个没有窗户、看不到外界的密闭电梯里面，然后由火箭牵引着电梯的缆绳不停地往上拉，你将会感觉到自己的身体内有一股力量在不停地流动。

此时的你看不到外面的世界，是否会想到外面发生了什么呢？你大概会联想到这样两种可能：一种情况是有人在拉着电梯做加速度运动；另一种情况是电梯来到了一个与地球相似的星球上，星球的引力使人的身体感到越来越沉重。

伽利略带给相对论的两大贡献

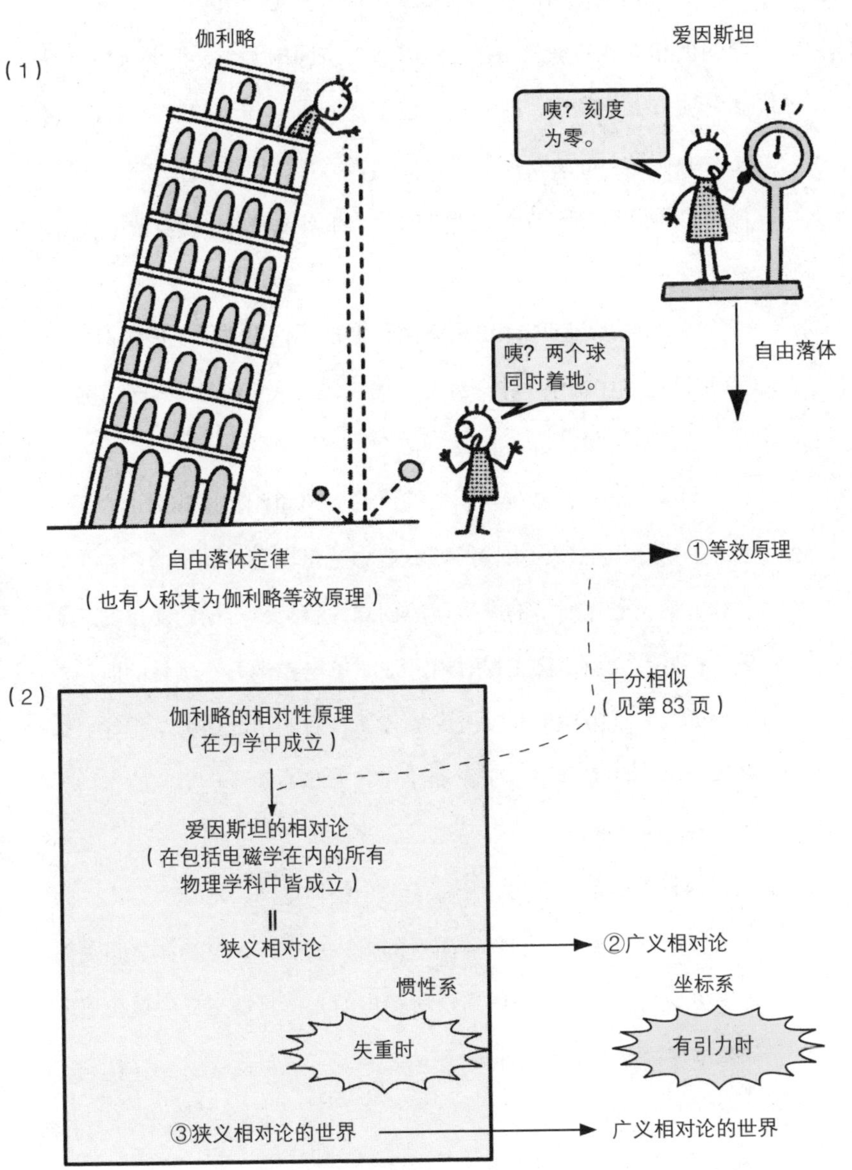

①请跳至第 82 页；②请跳至第 79、81 页；③请跳至第 83 页。

狭义相对论中的两个弱点

加速参考系的引力问题

狭义相对论与以往的物理学不同，它是一门基于四维时空概念的极其奥妙的理论。它通过时间与空间的统一，帮助人们取得了一项重大的发现，即质量与能量之间可以相互转换。另外，它还有一项很大的功绩在于简明地阐释清楚了以往物理学中无法解释的实验事实。但是,如此厉害的狭义相对论中也存在着两个弱点，或者说是极限。

一个弱点是**它的理论只适用于惯性系，不适用于加速参考系（有加速度的坐标系）中**。因此，无法解决从惯性系到加速参考系之间的转换问题。

另一个弱点是**缺少对引力的讨论**。20 世纪初期相对论刚诞生之际，物理学中最为重要的场域概念就是电磁场和引力场。在电磁场方面，麦克斯韦的电磁学的创立为狭义相对论的诞生创造了契机；另一方面，狭义相对论又证明了电磁学的正确性。但是关于引力场，爱因斯坦并没有完成狭义相对论中的引力场定律。这是因为牛顿的万有引力定律和狭义相对论在关于“力”的作用方式上呈绝对性的对立。

根据牛顿的万有引力定律，两个物体之间由地球引力产生瞬间的作用，这种引力和物体质量的乘积成正比，与物体之间距离的平方成反比。这与爱因斯坦所提出的光速是自然界中最快速度的基本理论形成了正面冲突。

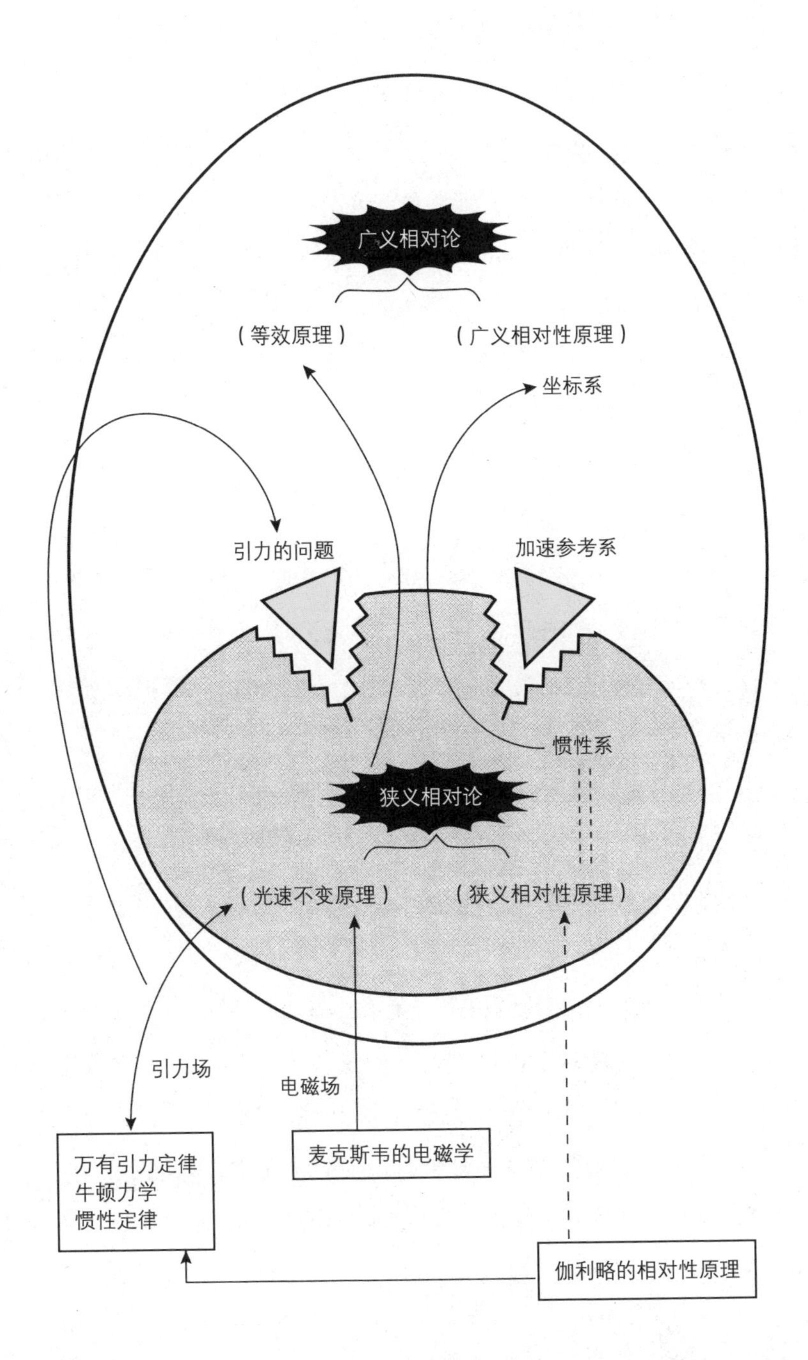

广义相对论
（等效原理）
（广义相对性原理）
坐标系
引力的问题
加速参考系
惯性系
狭义相对论
（光速不变原理）
（狭义相对性原理）
引力场
电磁场
万有引力定律
牛顿力学
惯性定律
麦克斯韦的电磁学
伽利略的相对性原理

广义相对论中存在的一个难题

若在突然下坠的电梯中放开手中的苹果将会如何？

当我们将惯性系改为坐标系之后，我们便从狭义相对论走向了广义相对论。这种视野的拓展只有爱因斯坦做到了。不管怎么说，在各种类型的坐标系中，惯性系这个坐标系就好比是其中的优等生。因此，对物理学家来说，惯性系总是被作为一种必备的前提条件而无法舍弃。

若以惯性系为基准的话，物理学中各项定律都会变得十分简单明了。并且，除了引力场以外，所有的物理定律无论以哪种惯性系为基准，都可以用完全相同的形式来表述。这正是惯性系的优势所在。

但是，人们在解释物理学现象时，"简单明了"并非是本质追求。只要满足一价性和连续性（见右页图），无论是在哪个坐标系下进行解释，所有的物理定律都是完全一样的。如此一来，广义相对论便成了一种很自然的普遍适用的理论概念。

只是，当人们使用了这个原理之后，很快就会遇到一个令人头疼的问题。比如，假设牵引着电梯的缆绳忽然断裂，导致电梯开始做自由落体运动，并且就在这个时候电梯中的人放开了手中的苹果。

位于地面上的坐标系中的 S 看到苹果受地球引力作用开始下落。根据牛顿力学定律，苹果做自由落体运动，并且这个加速度是与地球引力成正比的。但是，电梯中坐标系的 S′ 所看到的则是苹果停在空中呈静止状态。虽然受引力作用，但是加速度为零。也就是说，在 S′ 所处坐标系中，牛顿力学定律并不适用。这与广义相对论的理论相违背。

一价性的条件 （四维时空中发生的事件必须用四维时空图中的1点来表示）

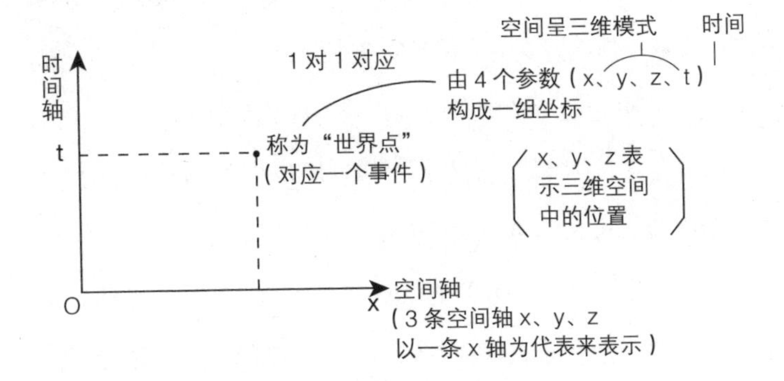

连续性的条件 （粒子在时空中运动必须是连续性的）

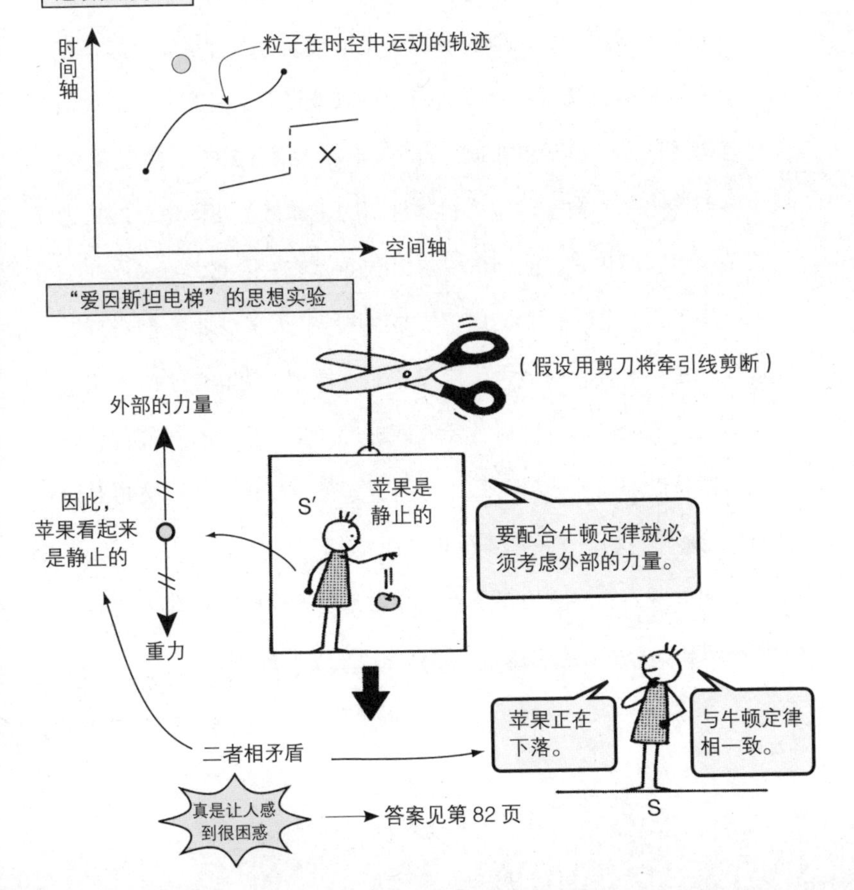

电梯内物体本身受到的重力影响，与电梯因加速运动而出现的外部的力量（惯性力）的作用是完全等同的。

但是，若限定在力学现象范围内进行考虑的话，两个作用力等同这一事实自伽利略的自由落体定律发现以来便为众人所知，没必要由爱因斯坦再来重申一次。爱因斯坦的创意在于这两者不只限于力学现象，而是在所有的物理现象中都起着同样的作用。这便是等效原理。这个进步有点类似于从伽利略的相对性原理到爱因斯坦的相对论的一个飞跃。

根据等效原理，观测者若以一定的加速度进行运动，那么在这个人看来引力既可以被创造，也可以被消灭。在上一节中我们也曾提及过，S' 位于正在进行自由落体运动的电梯中，由于 S' 的下降而产生一种向上的引力，这种引力将原来存在的地球的重力抵消了。其结果是，电梯中变成了失重状态。因此，苹果浮在空中呈静止状态也就不稀奇了。牛顿定律在 S' 看来也是严格成立的。这样一来，等效原理挽救了广义相对性原理，使其免于陷入仅一时成立的危险处境。同时，等效原理还开拓了另一种可能性，即在惯性系以外的加速参考系中进行探索的可能性，使广义相对性原理能够作为物理学的基本原理而成立。

另外一点，失重情况下狭义相对论也严格成立被视为是第三个原理。广义相对论因这三个原理而成立（见右页图）。

由三个原理构成的广义相对论的分解示意图

①广义相对性原理（坐标系）狭义相对性原理（惯性系）

②等效原理（引力等于加速度系中的惯性力）

③在没有引力的情况下狭义相对论严格成立

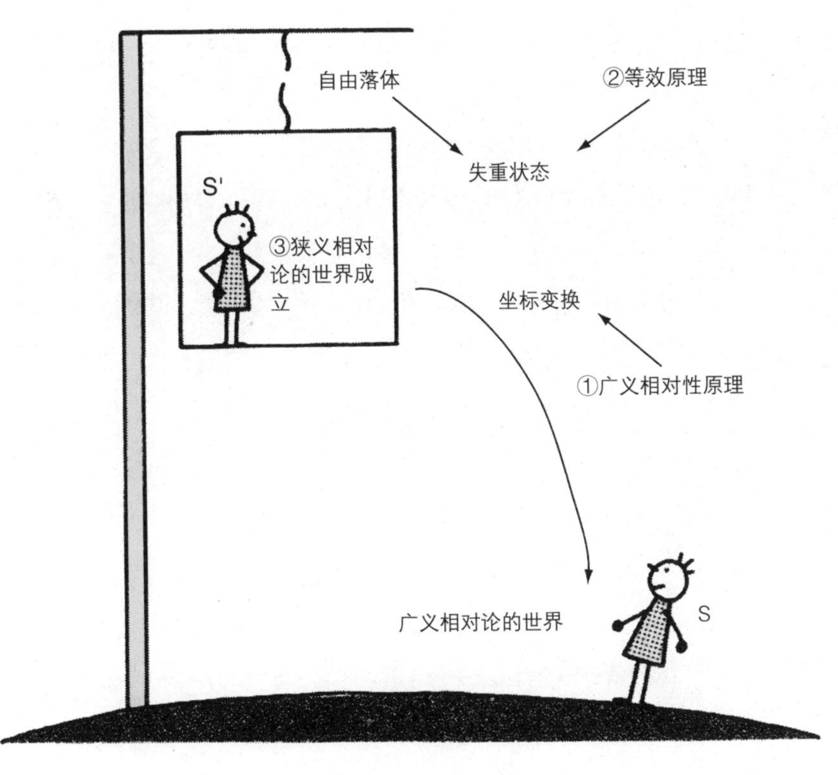

有引力的状态

你在什么时候最能感觉到“重量”？我是在将书放入背包里拿去图书馆还的时候最能感觉到“重量”。每个人应该都不同吧。那么，书为什么会很重呢？这不是心理上的感觉，而是物理上的实际重量。这些物体因为受到引力影响而产生向地面运动的趋势，要阻止这种趋势，手腕或者肩膀就需要用力与之抗衡。若与这些物体一起从大楼上落下，便不会感到有重量了。

所谓的质量，就是与物体被地球吸引的作用力（万有引力）呈反方向而感觉到的力的大小。直接点讲，质量等于万有引力的大小。如图所示的流程，测量万有引力的大小可以计算出任何物体的质量。这种质量被称之为**“引力质量”（weight）**。

但是，如果一个质量为 1kg 的物体被放置在宇宙飞船内，并且这个宇宙飞船远离地球、飘浮在周围没有任何天体的空间中，那么我们便没有任何办法测量到这种万有引力的大小。这是因为宇宙飞船及飞船内的物质之间虽然互相存在万有引力，但是极为微小。现在我们对其施加外力让它运动试试。当然，这么做可能会感觉到有些费劲。这种作用力的大小可以通过测量一定时间内施加同等的作用力后产生的加速度来求得。这样求算出的质量就是**“惯性质量”（mass）**。

接下来，我们将在万有引力下定义的 1kg 的物体和 2kg 的物体放到没有万有引力的空间中驱动一下试试。重为 2kg 的物体正好需要 1kg 物体 2 倍的力量来驱动。也就是说，**“引力质量”和“惯性质量”的决定因素虽然完全不同，但是最终结果的数值却是一致的。**

从“重量”到引力质量
好重啊！
万有引力
根据万有引力定律，万有引力与两个物体之间的距离的平方成正比。距离长短是关键。
“weight”
所谓的引力质量就是指感受到的万有引力的强度。
从“难以驱动”到惯性质量
失重状态下的宇宙飞船中的一个房间
鞋子附在地板上
B
推动这个A的难度比B大两倍。
A
“mass”
这样求得的质量称为“惯性质量”。
随便取一种物体，假设它的质量为1kg。
弹簧伸长了两倍。万有引力的大小增加了一倍。这么一来，也就可以说这个物体重2kg。
6400km
地球的中心
物体加速的难度
‖
驱动难度的大小
‖
物体运动的程度
‖
惯性质量
‖
mass

通过实验求证而得两种重量的一致性

引力质量和惯性质量是一致的

如前所述，引力质量和惯性质量虽然性质完全不同，但是为什么我们又说两者是一致的呢？匈牙利物理学家厄缶（1848—1919）在1896年做了一项实验来验证这两者是否真正一致。如右页图所示，公式※（指代 $M_{\mathrm{I}}:m_{\mathrm{I}}=M_{\mathrm{II}}:m_{\mathrm{II}}$）若成立的话，作用于球Ⅰ的引力和离心力所合成的力 F_{I}，与作用于球Ⅱ的力 F_{II} 相平行。如果公式※不成立的话，那么就如图③所示，F_{I} 和 F_{II} 指向两个不同的方向。这样一来，就会如图②所示，以悬吊着的绳子为中心发生转动。

厄缶为此进行了实验来观测这种转动是否会发生。实验的结果显示这种转动的幅度小到几乎观测不到。并且，无论怎么改变球Ⅰ、球Ⅱ的材质，实验得到的结果都是相同的。公式※被证明是成立的。

公式※指的是某种物体的引力质量与惯性质量之比。作用于某种物体的重力 $M\times g$ 的公式中，g 是一个仅与地球相关的常数。适当调整一下单位，可以使引力质量 M 和惯性质量 m 等同。厄缶在之后的实验中确认了这两者是一致的，其精确范围可达 10^{-11}，即测得的数值可精确到小数点后10位。

但即便如此，引力质量和惯性质量两者性质完全不同。为什么性质不同却依然能得到同数值的结果？这在牛顿力学中无法做出解释。但是若通过爱因斯坦的广义相对论，尤其是以等效原理为基准的话，便可以导出这样一种理所当然的结果。

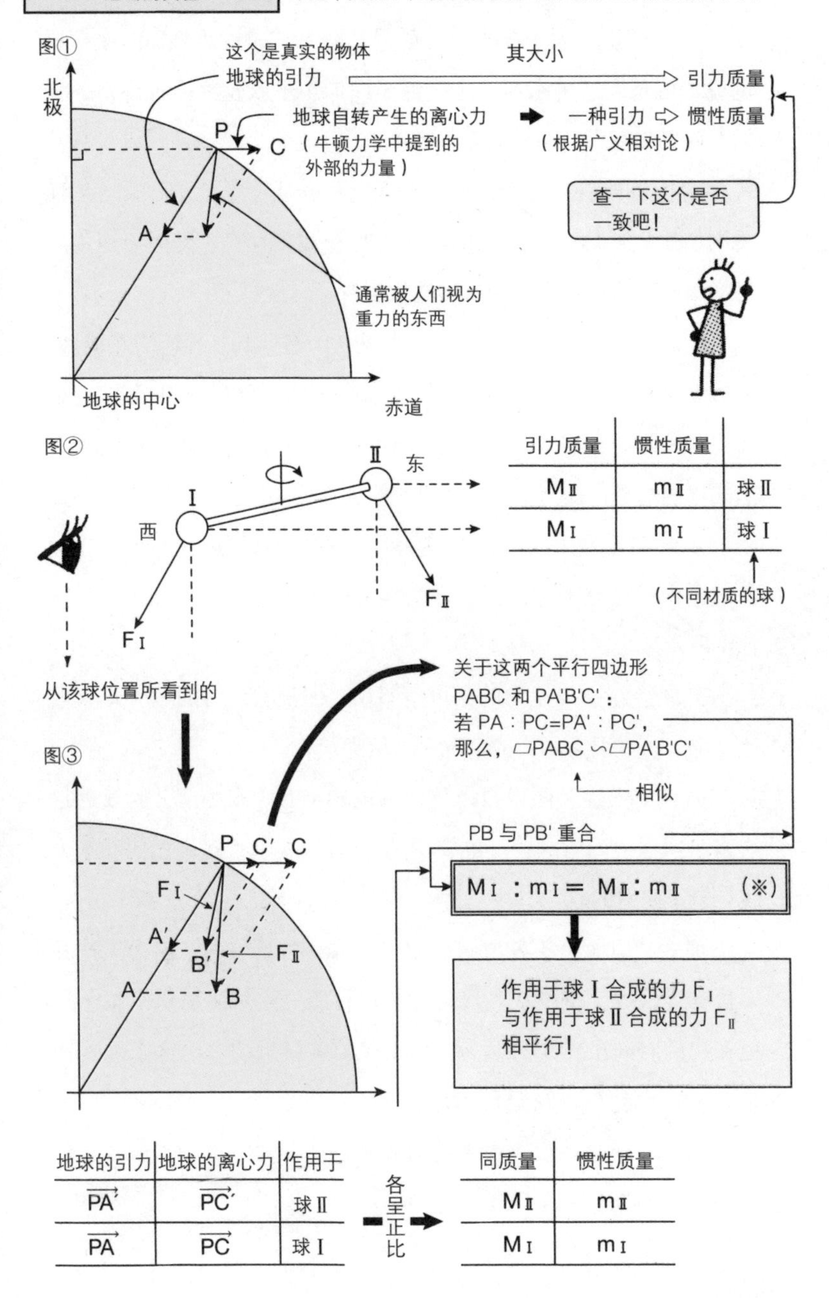

引力质量	惯性质量	
M_{II}	m_{II}	球Ⅱ
M_{I}	m_{I}	球Ⅰ

地球的引力	地球的离心力	作用于
$\overrightarrow{PA'}$	$\overrightarrow{PC'}$	球Ⅱ
$\overrightarrow{PA}$	$\overrightarrow{PC}$	球Ⅰ

同质量	惯性质量
M_{II}	m_{II}
M_{I}	m_{I}

表示“重量大小”的引力质量和表示“驱动难度”的惯性质量原本就是同一种东西。这么说爱因斯坦不就是将两种原本一样的东西又重复了一遍吗？

之前也曾有过类似情况。以太这种介质原本就不存在，然而爱因斯坦还专门站出来提出以太这种介质不存在。爱因斯坦不就是把理所当然的事情又理所当然似的讲了一遍吗？

但是，如果从一开始爱因斯坦就认为这些都是理所当然的话，那么就不可能诞生相对论了。人们过去假设存在不可能存在的以太这种介质，假设两种同样的质量并不相同。爱因斯坦打破了人们的这些幻想，提高了人们观察现实的眼力。

本章到此为止议论了很多复杂的问题，接下来我们可以在此基础上做一个重大的假设，即光线会因为引力而发生偏折。具体如图所示。

光线会在空荡无物的宇宙空间中，即没有引力的地方笔直前进。那么，在引力场中的情况又如何呢？

若在前面提及的做自由落体的电梯上开一扇小窗，光线透过这扇小窗照射到电梯内。电梯中的S′处于失重状态，在他看来光线是笔直照射的。

那么，地面上的S所看到的是怎样一番景象呢？因为光速并未快到无限大，所以从光线透过窗口再照射到对面墙壁上整个过程花费的时间虽然十分短暂，但也是需要时间的。在这个短暂的时间内电梯依然在进行自由落体运动。

因此，光线并没有水平直射，而是稍微发生了一点偏折，随着电梯做下降运动。

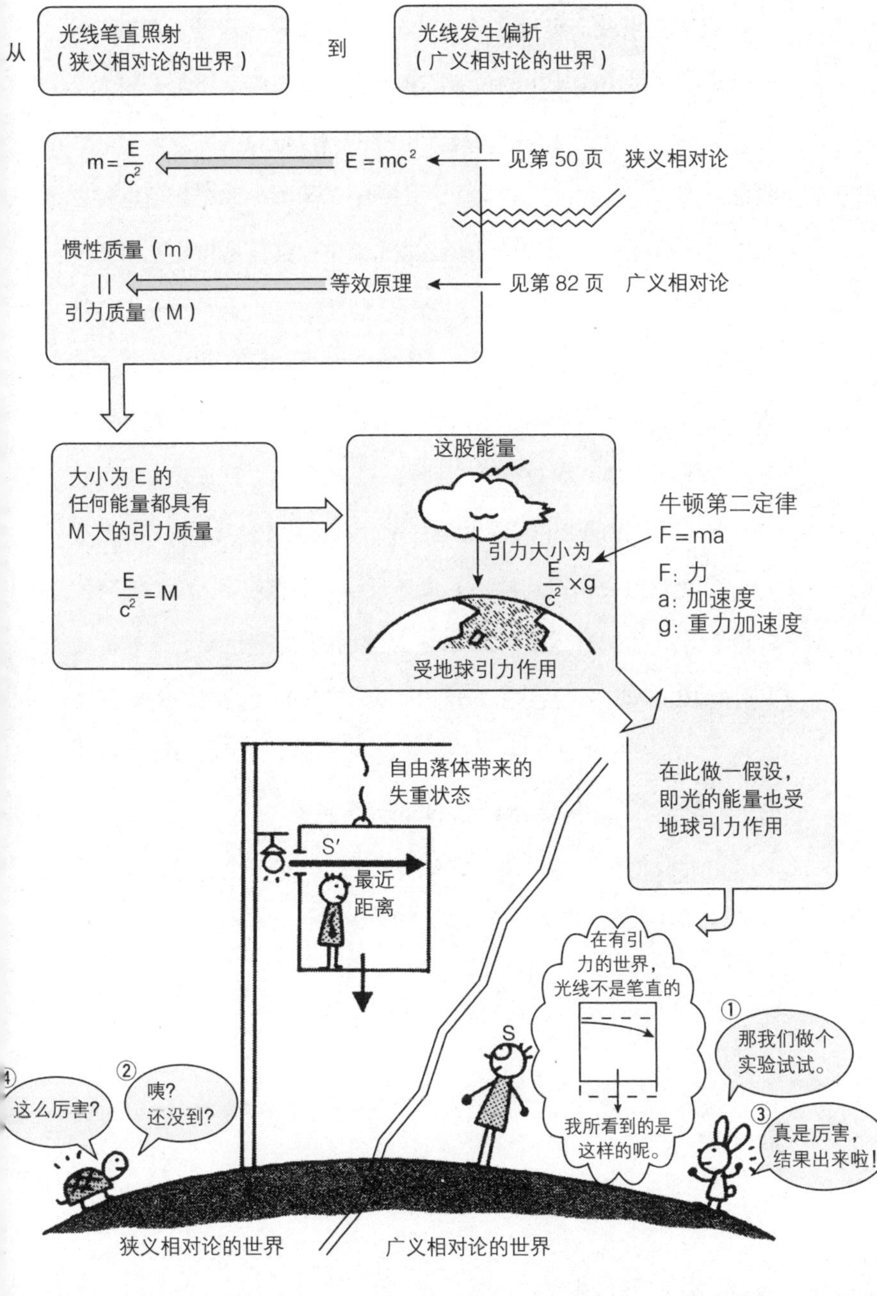

从 光线笔直照射（狭义相对论的世界） 到 光线发生偏折（广义相对论的世界）

$m=\frac{E}{c^2}$ ⟸ $E=mc^2$ ← 见第 50 页 狭义相对论

惯性质量（m）
|| ⟸ 等效原理 ← 见第 82 页 广义相对论
引力质量（M）

大小为 E 的
任何能量都具有
M 大的引力质量

$\frac{E}{c^2}=M$

这股能量

引力大小为
$\frac{E}{c^2}\times g$

受地球引力作用

牛顿第二定律
$F=ma$
F：力
a：加速度
g：重力加速度

在此做一假设，
即光的能量也受
地球引力作用

我们再来做个实验思考一下电梯的自由落体运动。假设电梯被悬吊在右页图①所示的位置。我们在电梯左侧墙壁上开一个小孔，小孔的高度正好与电线杆上电灯的高度保持一致。然后突然将灯点亮，并再关掉。以此作为切断电梯缆绳的暗号，使电梯开始做自由落体运动。电灯照射出的光束中一部分透过小孔射入电梯内，并以光速 c 的速度射向电梯右侧的内壁，且最终到达右侧墙壁 a′ 的 Q 点处。地面上的人 S 看到的景象是这样的：因为光束抵达右侧墙壁的那一瞬间，电梯已经降落到图中实验的位置，所以光的行进路径是 P 和 Q 两点之间的一条抛物线。导致光束发生这种向下偏折现象的唯一可能就是它受到了地球引力的影响。

图②较为夸张地描绘了光束透过小孔 P 照射到 Q 点的路径。管道上有两个切口 AB 和 A′ B′ ，A 处的光束射向 A′ ，B 处的光束射向 B′ 。如图所示，管道会呈向下偏折状态，是因为 AA′ 的距离长于 BB′ 的距离。因此，沿着管道上方行进的光束速度比下方的快。换言之，**距离地表越远，光的速度越快**。

由此我们可以导出四个重要的结论。其中一个便是，等效原理不只适用于力学现象，而且在所有的现象中都成立。

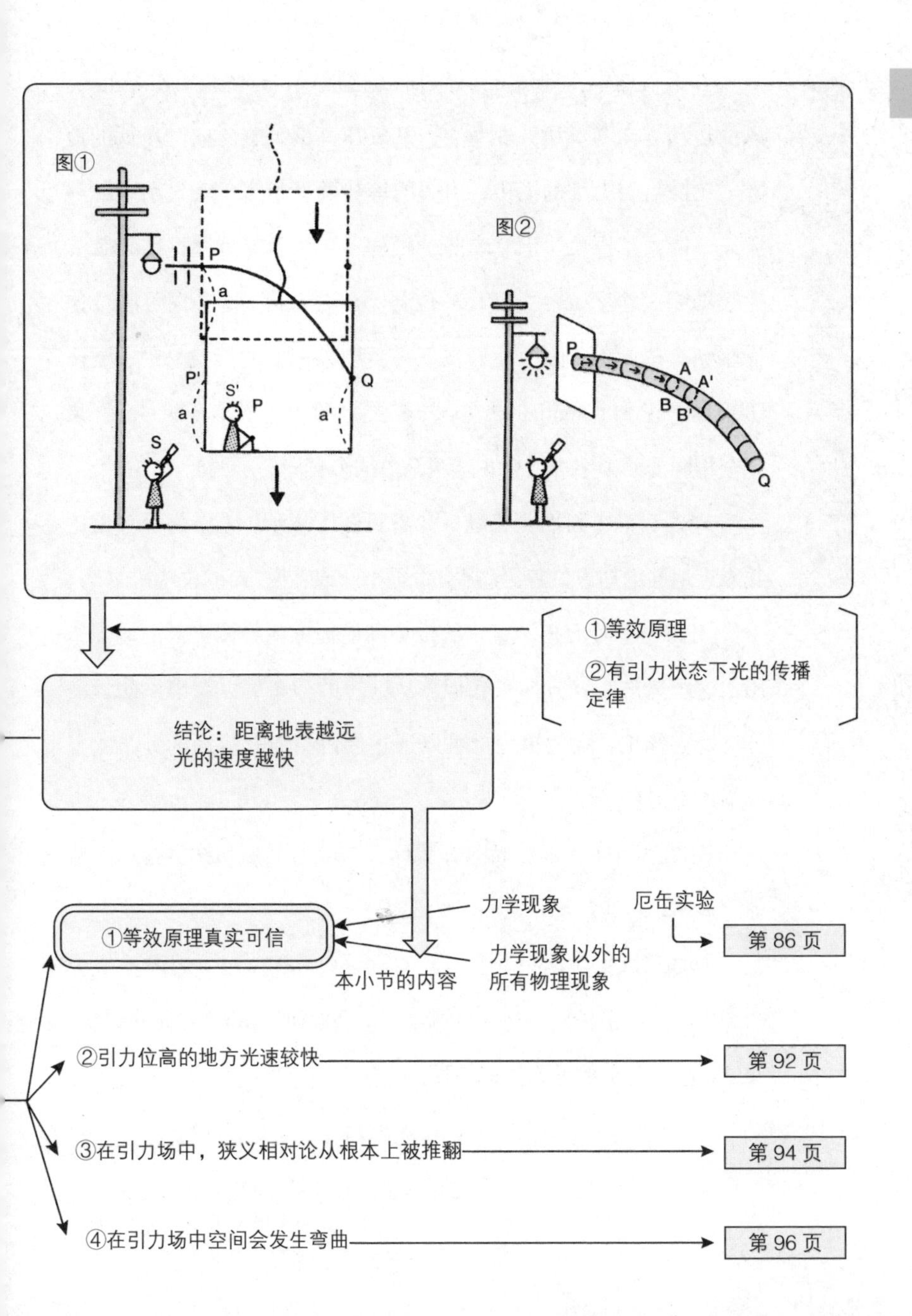
图①
P
a
P'
S'
P
Q
a
a'
S
图②
P
A
A'
B
B'
Q
①等效原理
②有引力状态下光的传播定律
结论：距离地表越远
光的速度越快
力学现象
厄缶实验
①等效原理真实可信
第 86 页
力学现象以外的
所有物理现象
本小节的内容
②引力位高的地方光速较快
第 92 页
③在引力场中，狭义相对论从根本上被推翻
第 94 页
④在引力场中空间会发生弯曲
第 96 页

在天气图中，将气压相等的地方连成线，这些线叫作等压线。风的运动方向与等压线相垂直，从气压高的地方吹向气压低的地方。在描绘引力场的图中，引力的**等势面**就相当于天气图中的等压线。请大家想象一下它实际的模样，应该就能理解这些线其实代表的是一个平面。突然用“位势（potential）”这个词可能会让你感到有些困惑，因此我们在下一页中以图解的形式呈现，更便于理解。正如 potential 的“po”与引力的力量 power 的“po”是完全相同的两个字母组合，这两个单词来自同一个词源。

现在我们重新回到正题。如右页图①所示，上空的等势面比起靠近地面的地方位势更高、引力更小。或者说，A 的位势比 B 高。

引力与等势面相垂直。从位势高的地方朝着位势低的地方作用。这跟风的运动方向很相似。从气压的分布可以看出风的运动方向，同样地，我们也完全可以通过周围引力等势面的分布状态来描绘引力场的样子。

图②是地球和月球周围等势面分布状态的横切图。越远离地球与月球，位势越高。

下面请大家对比一下上一节中的图②（第 91 页）和本小节中的图①。上一节的结论也可以换言为：**引力位高的地方光速较快；反之，引力位低的地方光速较慢。**

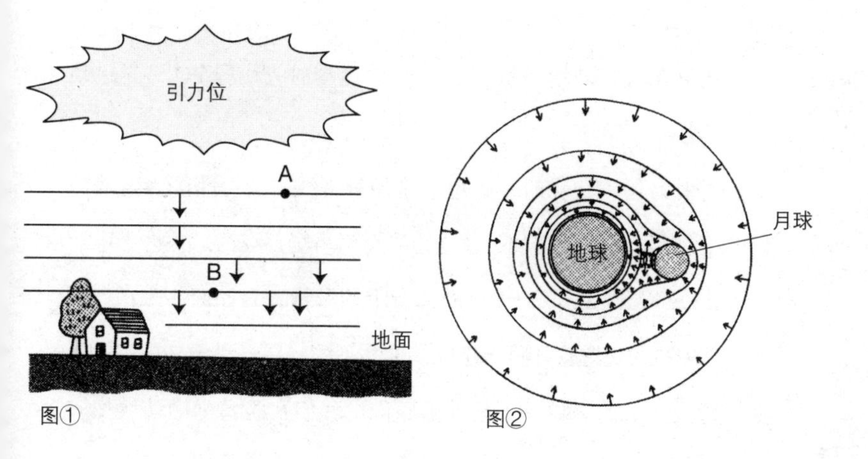

图①　　图②

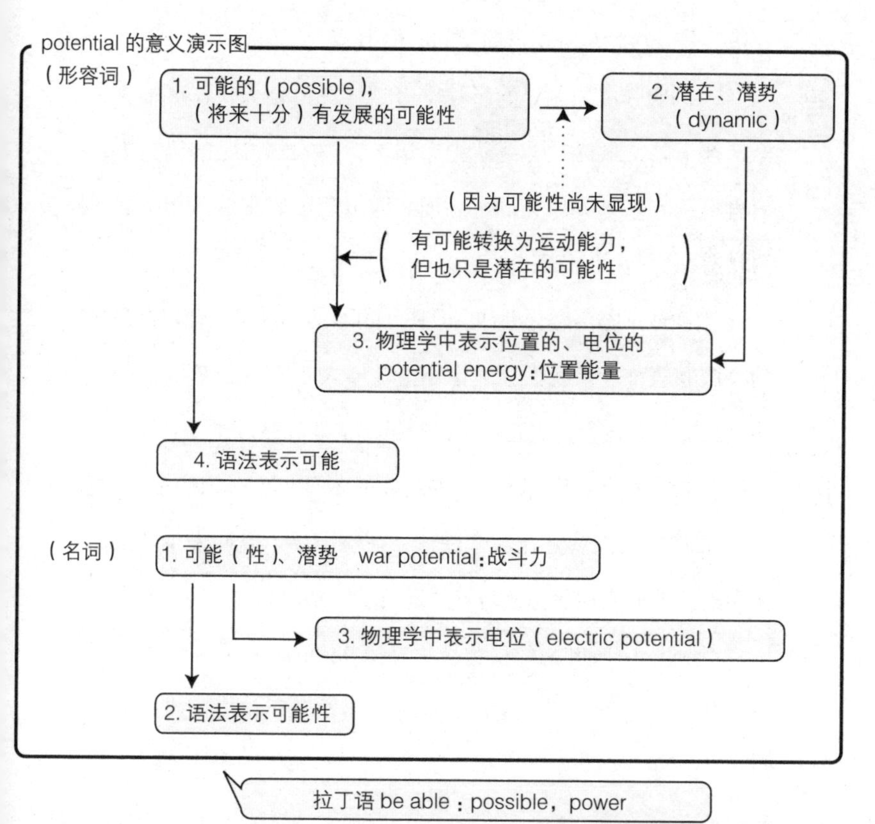

（引自研究社《新英和中词典》）

光束在真空环境下从点 P 向点 Q 运动时，线段 PQ 是光运动的最短路径。

当引力场不存在时，最短的路径是直线。最短路径为直线的空间，属于欧几里得空间。反之，当有引力场存在时，那么光束运动的最短路径则是如第 91 页图②所示的抛物线。如此一来，**有引力场存在的空间与欧几里得空间的性质不同，是一种弯曲的空间。**

请大家试着想象一下弯曲的空间。我们在脸盆上贴一块橡胶布，并在布中间放一个铁球。这时你会发现铁球有些下陷，布面变得扭曲。这就是一个弯曲空间的模型。

一部叫作《黑洞》的影片中有这样一幕镜头：铁球很重，不停地往下陷，最终铁球终于把布撑破，掉入脸盆底的黑洞中，布面再也没有恢复到原先的水平面。即出现了如右页图②所示的黑洞状态。

当铁球不陷落时，即如右页图①所示的那样，铁球停留在扭曲的橡胶布表面上。我们让它像小型机器人一样在点 P 和点 Q 之间通过最短距离进行往返运动。这时铁球的运动路径不是直线，而是曲线。（整个过程我们都假设是在扭曲的布面上这一空间内发生的。）

同理，太阳就好比这个铁球，在引力场中空间发生弯曲，太阳照射出的光束便无法进行直线运动。

物理学中所考虑的引力位（见第 92 页），在几何学上看来只不过表示了空间的弯曲程度，或者说是欧几里得空间带来的偏差罢了。

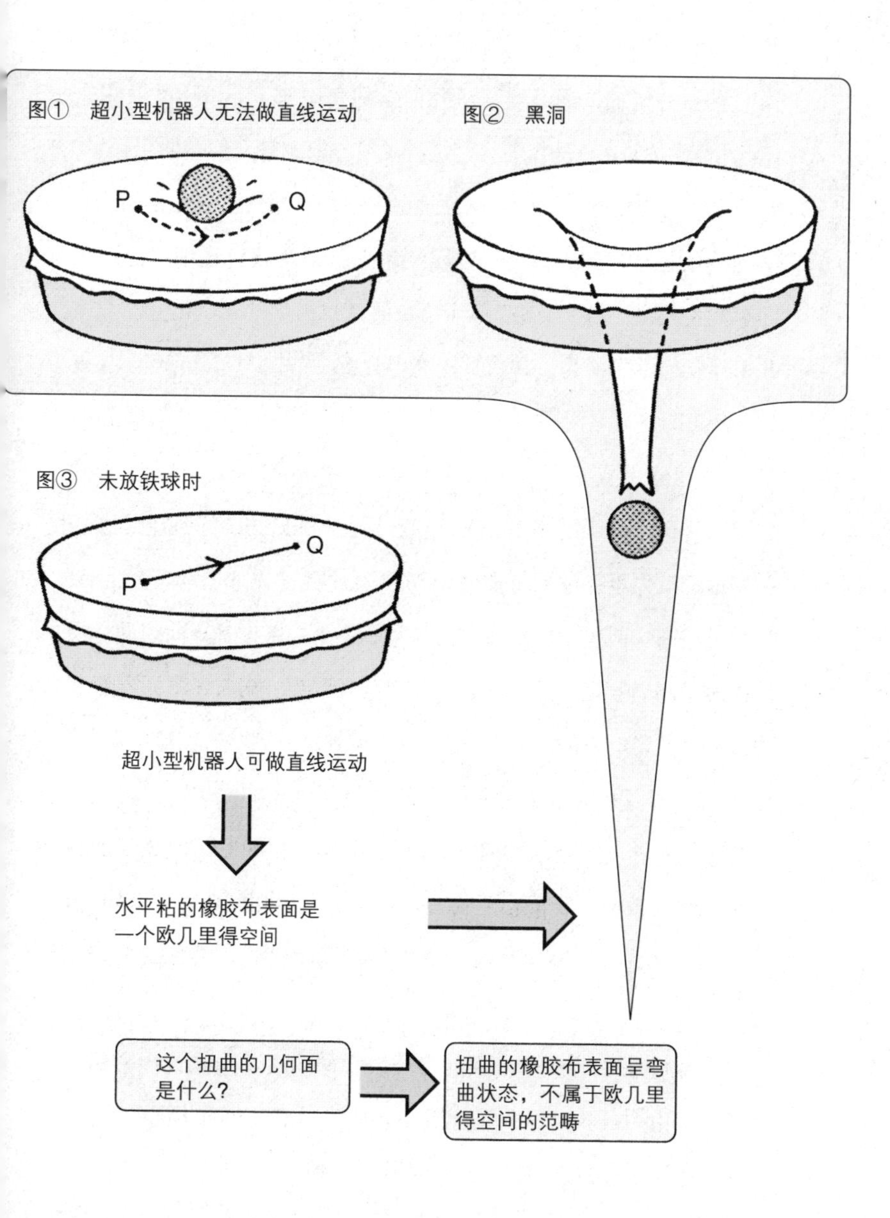
图① 超小型机器人无法做直线运动
P
Q
图② 黑洞
图③ 未放铁球时
Q
P
超小型机器人可做直线运动
水平粘的橡胶布表面是
一个欧几里得空间
这个扭曲的几何面
是什么?
扭曲的橡胶布表面呈弯
曲状态，不属于欧几里
得空间的范畴

基于时空弯曲理论的广义相对论

广义相对论中运用了包括黎曼几何学在内的非欧几何学

爱因斯坦所探寻摸索的几何学是一门基于重力场引发时空歪曲的理论。这种几何学最初由希腊人创立。而西方人在开展科学工作时有一种传统，都习惯于从几何学的角度入手。虽然欧几里得的《几何学原论》只是作为一门纯粹的科学研究将几何学体系化了，但是牛顿的《自然哲学的数学原理》一书却也模仿了欧几里得几何学的体系进行建构。此外，爱因斯坦在其狭义相对论中广泛运用的空间也是基于这个2300年前已被研究得出的欧几里得空间。欧几里得几何学中认为，如右页图②中只有一条直线穿过直线AB外的一点P，且与之相平行。

进入19世纪后，终于出现了与欧几里得几何学相异的非欧几何学。爱因斯坦尤为关注其中黎曼几何学提出的空间理论。**黎曼空间理论认为不存在平行直线，如右页图①的曲线才是常态。**曲率，指衡量空间弯曲程度的数值。黎曼空间中坐标系也是呈曲线的，我们无法运用勾股定理求得相邻两点之间的距离。同时，不同位置歪曲的程度也各有不同。因此，在运算时需要运用到“张量”这一概念。比如我们可以利用张量丈量帐篷的曲张程度。这种与广义相对论中讨论的四维空间的曲线坐标的刻度大小、各个坐标轴之间的角度相关联的数值，我们称之为“基本张量”，共由10个数值构成。这10个数值（1+2+3+4）标示了弯曲程度变化的倾斜度及再变化的倾斜度。

浩瀚宇宙中的星星、星际物质所含的物质及光能直接影响了各区域的重力分布状态，并且使各区域的时空呈现出不同的弯曲。将这种弯曲进行整体测算的理论便是广义相对论。

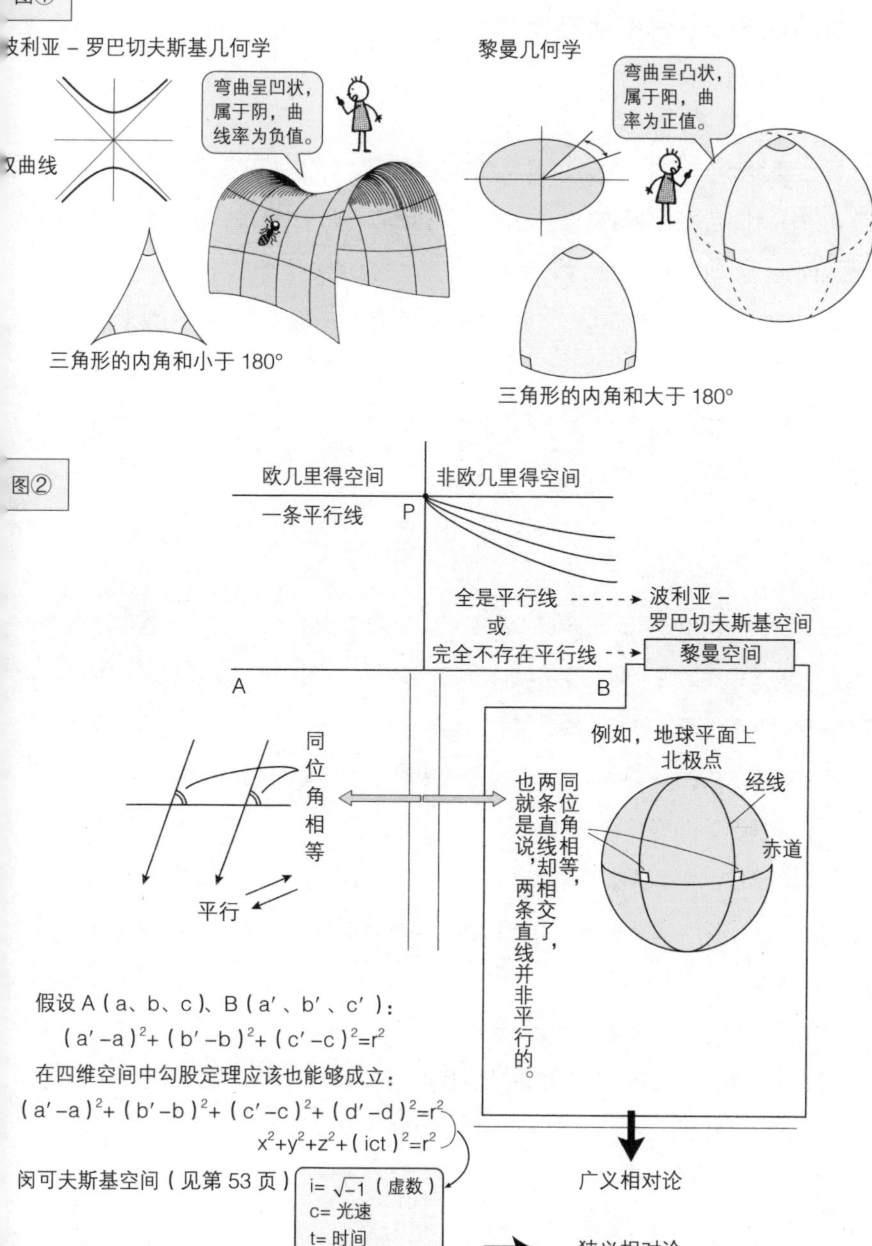

图①
波利亚－罗巴切夫斯基几何学
双曲线
弯曲呈凹状，属于阴，曲线率为负值。
三角形的内角和小于 180°
黎曼几何学
弯曲呈凸状，属于阳，曲率为正值。
三角形的内角和大于 180°
图②
欧几里得空间
非欧几里得空间
一条平行线
P
全是平行线
或
完全不存在平行线
波利亚－罗巴切夫斯基空间
黎曼空间
A
B
同位角相等
平行
例如，地球平面上
北极点
经线
赤道
同位角相等，两条直线却相交了，也就是说，两条直线并非平行的。
假设 A（a、b、c）、B（a′、b′、c′）：
$(a'-a)^2+(b'-b)^2+(c'-c)^2=r^2$
在四维空间中勾股定理应该也能够成立：
$(a'-a)^2+(b'-b)^2+(c'-c)^2+(d'-d)^2=r^2$
$x^2+y^2+z^2+(ict)^2=r^2$
闵可夫斯基空间（见第 53 页）
$i=\sqrt{-1}$（虚数）
c= 光速
t= 时间
广义相对论
狭义相对论

专栏

爱因斯坦的生平④ 迁往美国

虽然爱因斯坦在 1912—1913 年期间就已经开始了广义相对论的研究，但是真正意义上投入精力去研究是在他迁居柏林之后了。那时的德国，比他 9 年前放弃德国国籍时更加军国主义化了。爱因斯坦原本就不喜欢军国主义风潮，于是柏林之行就暂时搁浅了。果然，这之后很快就爆发了第一次世界大战。但是爱因斯坦并没有受到战火的影响，于 1915—1916 年期间完成了他的理论研究。

战争期间，德国 93 名一流知识分子发表声明表示拥护德国发起战争。然而，爱因斯坦却在拥护国际协作的声明书上签了名，由此他招致了许多人的反感。战争最终以德国的失败告终，军队将失败的责任推给了犹太人，并且这种说法逐渐被大众接受，从而扩散开来。

另一方面，爱因斯坦通过对日食的观测证实了广义相对论。这事被媒体进行了全球性的报道。爱因斯坦一夜成名，受到了英国、法国、美国以及日本等国的盛情邀请。同时，因其性格坦率，爱因斯坦越来越受人们的喜欢。此时苦苦挣扎于严重通货膨胀中的德国民众，对爱因斯坦受到全球性关注感到有些嫉妒，将反犹太人的感情矛头都指向了爱因斯坦。

对于自己的出生和漂泊无依的半生，爱因斯坦自己是这么描述的："如果相对论是个彻底的谎言，那么就如同我被法国人叫作瑞士人，被瑞士人叫作德国人，被德国人叫作犹太人一样吧。"

希特勒纳粹当政后，爱因斯坦感到自己在德国毫无容身之处，于是逃亡到了美国。其他优秀的犹太科学家也追随他的脚步来到美国。一边是无法包容他的德国，一边是完全接纳他的美国，这种差异已经预示了第二次世界大战的胜败结果。

5

跟随宇宙论
一起走进宏观世界

广义相对论是一套根据曲率张量等复杂的数学计量而建立起来的理论，很难找到具体的现象来对它进行验证。爱因斯坦自己对此也感到非常不满足，因而他又继续做了很多的思考和尝试。

爱因斯坦曾做过三项著名的实验，利用太阳的引力来验证广义相对论。在这里,我们简单介绍一下其中最具代表性的一项实验，即**光线因太阳引力场而发生偏折**的实验。

当出现日食现象的时候，位于太阳后侧的恒星 A 被太阳遮挡。按照一般的常识，地球上的人 P 将会看不到恒星 A。但是，根据广义相对论的原理来看，光线会因为太阳的引力而发生偏折。如此一来，恒星 A 发出的光束经过 A → S → P 这条曲线状的路径照射到地球上。地球上的人 P 将会看到恒星 A 位于 PS 连线延长线上 A′ 的位置。

根据爱因斯坦的理论可以计算出 AS 和 AS′ 之间的角度为 1.75 角秒。角秒是量度角度的单位，是角分的 1/60。人们曾先后在 1912 年、1914 年、1916 年、1918 年试图通过观测日食现象来验证广义相对论，但是却因为下雨，后来又受到第一次世界大战的余波影响,这几次实验最终都以失败告终了。直到 1919 年 5 月 29 日，那天观测队分别在巴西和非洲西部观测到了日食现象并拍下了照片。显然，这些照片比在伦敦拍下的照片更符合爱因斯坦的理论预期。当时的报纸对这个发现进行了大量地报道，爱因斯坦也因此而名扬四海。

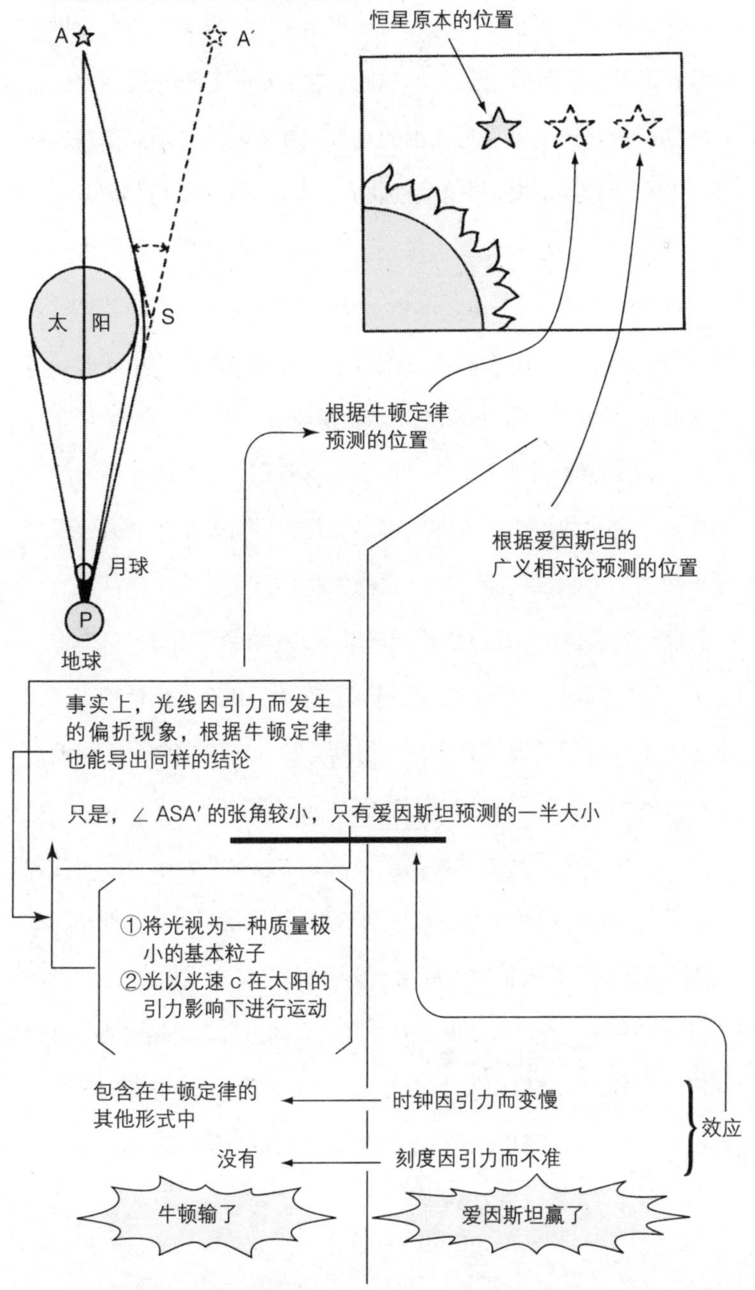
因太阳引力场而发生的光线偏折现象
A
A′
S
太 阳
月球
P
地球
恒星原本的位置
根据牛顿定律
预测的位置
根据爱因斯坦的
广义相对论预测的位置
事实上，光线因引力而发生的偏折现象，根据牛顿定律也能导出同样的结论
只是，∠ ASA′ 的张角较小，只有爱因斯坦预测的一半大小
①将光视为一种质量极小的基本粒子
②光以光速 c 在太阳的引力影响下进行运动
包含在牛顿定律的其他形式中
时钟因引力而变慢
效应
没有
刻度因引力而不准
牛顿输了
爱因斯坦赢了

实验『日光的引力红移』

光线会因引力的影响而发生变化

爱因斯坦为了验证广义相对论提出了三种方案，其中最早得到验证的是水星近日点进动的观测。这个现象是指水星绕太阳公转的椭圆形轨道上最靠近太阳的近日点在不断地进动。虽然我们利用牛顿力学也可以测得这个进动值，但是结果会有所偏离。

人们只要能够观测到水星近日点进动这种现象，就可以通过广义相对论来对它进行解释说明。历史上关于行星的观测数据已有数千年的积累，因而人们认为在观测距离太阳最近的水星时，出现的偏差应该会很小，应该算是比较精确的。

爱因斯坦的三种方案中，最后得到验证的是光能受引力的影响而发生变化的效应。这种效应具体是指，当光线从引力较强的地方射向引力较弱的地方时，它的能量会逐渐减少。比如说，原本青色的光束会开始泛红。这种现象我们称之为“引力红移”。

“引力红移”这种现象的验证难度较大，因而人们使用了爱因斯坦方案以外的其他形式才使其得到了验证。1976 年，美国的史密松天体物理中心将火箭发射到 1500km 的高空进行了实验。这项实验是利用装在火箭上的使用了铱的 γ 射线探测器来吸收、检测地面上的铱所释放出的 γ 射线（如右页图①所示）。若铱停止释放 γ 射线的话，因其波长发生变化而不会再被吸收。图②中左侧图示便是这种情况。当火箭在做上升下降的运动过程中，检测到的 γ 射线波长因多普勒效应而发生变化，在速度恰好的时候便会被吸收。再配合此时的火箭速度来确定波长的变化值，便能够验证引力红移的现象了。

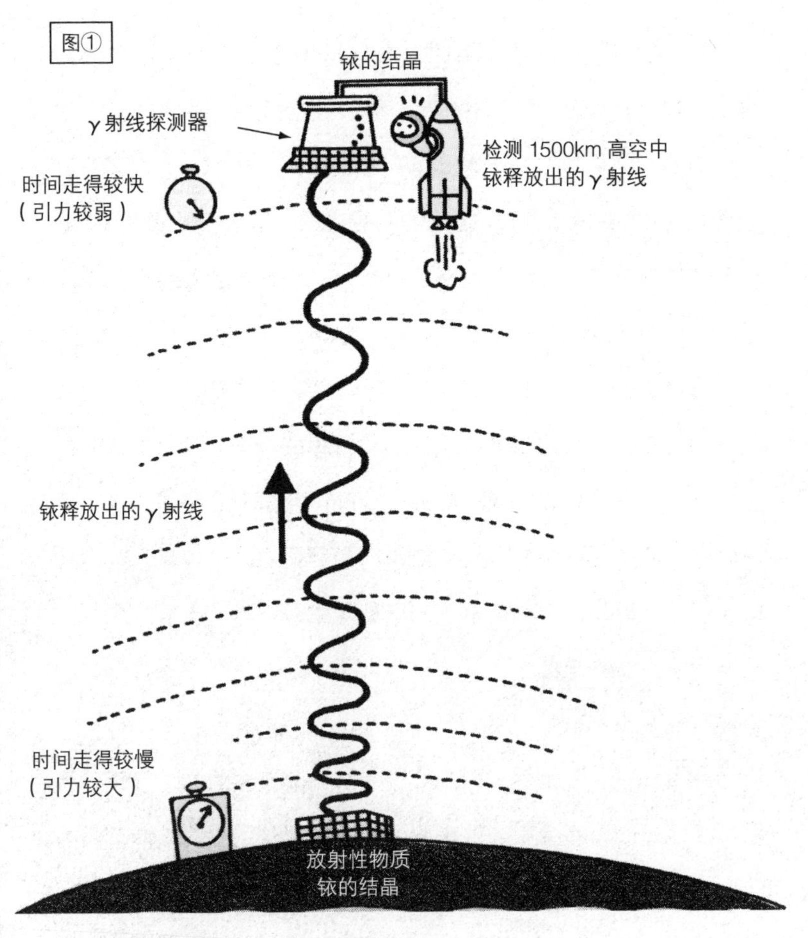

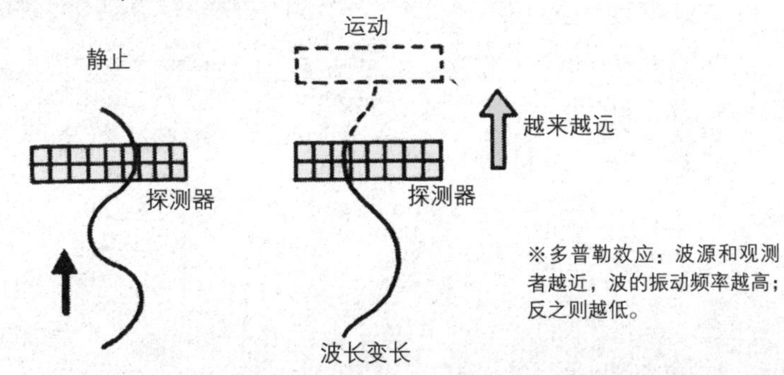

※多普勒效应：波源和观测者越近，波的振动频率越高；反之则越低。

在人们肉眼可见的日常世界中，运动速度最快的其实是地球。地球以30km/s的速度绕太阳公转。然而,这也只是光速的万分之一。

但是，如果是在原子等基本粒子的微观世界中，有许多物质的运动速度都接近于光速。比如，传导电的电子就是其中一例。电子在电视机的显像管或者产生X射线及其他射线的装置中都是以接近光速的速度在运动着。在解释这些微观世界的现象时，狭义相对论有着明显的优势。狭义相对论对电磁等很多物理学现象都有重大的影响。与此相对的是，广义相对论的效应鲜少出现在我们的日常生活中，它更多地被运用于解释与引力有关的现象。也许会有人认为，与引力有关的现象在我们身边并不少见，物体自由落体的现象便是很好的例子。但是我想，阅读了本书的读者们应该不会有这种想法吧。从苹果自由落体这个小插曲中可知，这个现象用牛顿力学便足以解释了。

如前所述，在地球、太阳等这些引力非常微弱的环境下，我们可以通过做一些精密实验来验证广义相对论的引力效应。因为我们无法人为地创造出强大的引力场，所以只能在身边自然的环境中进行与引力相关的实验。

但是，与引力相关的实验中还有这样一种类型，那就是探索在中子星、黑洞、膨胀宇宙等强烈引力场环境下发生的现象。那么接下来就让我们一起进入大宇宙世界开始探索吧！

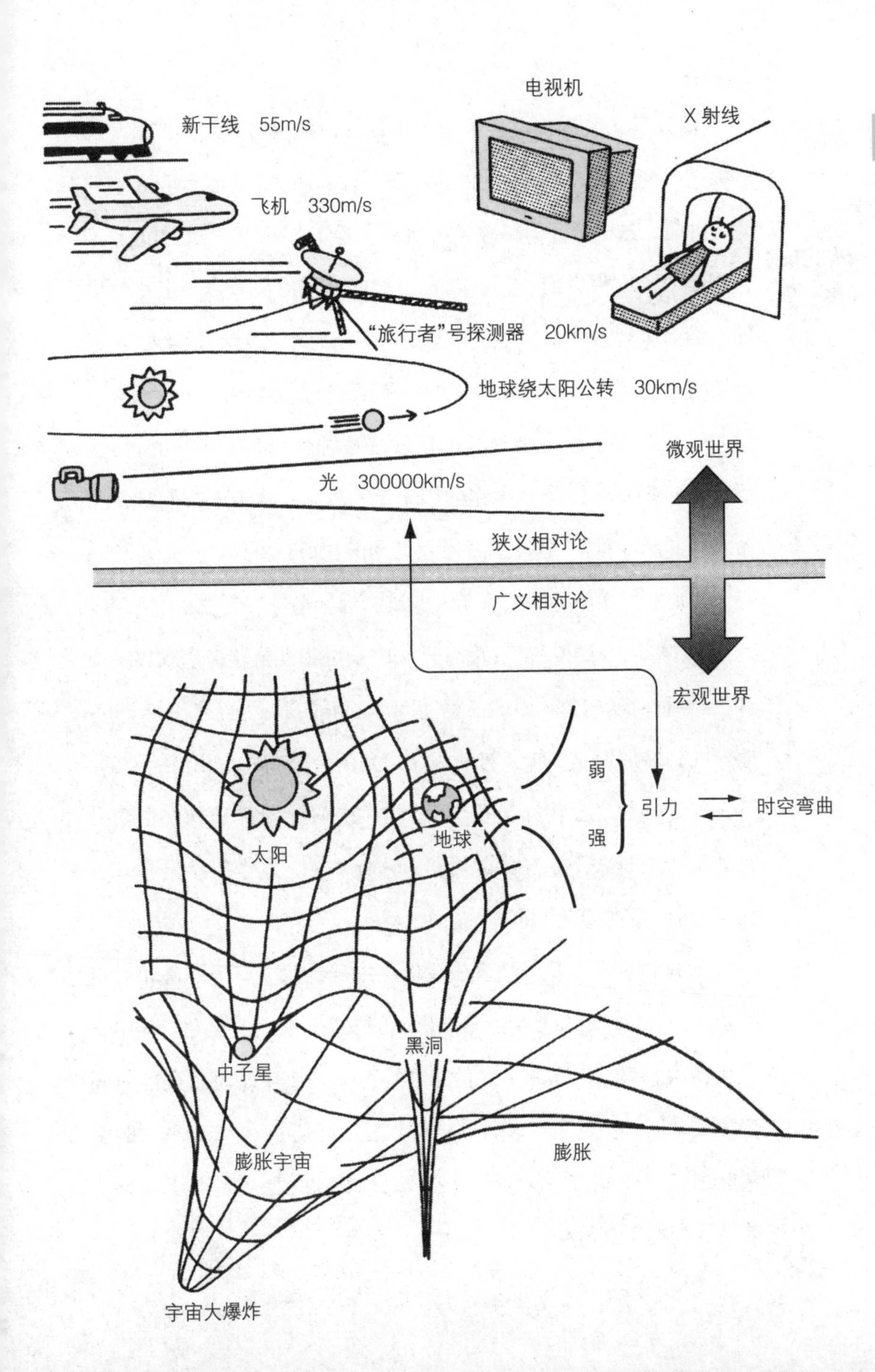
新干线　55m/s
飞机　330m/s
“旅行者”号探测器　20km/s
电视机
X 射线
地球绕太阳公转　30km/s
光　300000km/s
微观世界
狭义相对论
广义相对论
宏观世界
弱
强
引力
时空弯曲
太阳
地球
中子星
黑洞
膨胀宇宙
膨胀
宇宙大爆炸

1967 年，英国剑桥大学的休伊什教授和他的研究生贝尔发现从狐狸座的方向大约每 1.3 秒就传来一种脉冲状的电波。令人感到惊奇的是，这种脉冲的精确度达到了一亿分之一，可与地上的原子钟相媲美。发现者们认为：能发射如此精准的信号，一定是外星球上的高级智慧生物！于是，发现者们将它命名为“**小绿人**”，之后继续进行观测，并且没有将这一惊人消息告诉媒体。

遗憾的是，后来物理学家们发现这种信号并非来自外星人，而是来自很早就已预言存在的中子星。于是，物理学家们又将其命名为“**脉冲星**”。脉冲星就像是灯台的探照灯一样，一边自转一边精确地发射出闪亮的束状无线电波、可见光与 X 射线等。

1974 年，脉冲星被发现与另一中子星相互公转，呈双星系统状态。这种双星的公转周期很短，仅 8 个小时。我们可以来比较一下：地球的公转周期是 1 年，与其相比双星的公转周期是相当短暂的。不仅如此，双星公转的半径与太阳半径差不多，而地球绕太阳公转的半径则是太阳半径的数百倍，由此可见，这个双星是在多么强大的引力场中相互公转的。

通过这个中子星的情况，我们可以确认以下三个广义相对论的效应。其一，这与**水星近日点进动**的效应一样，只是它一年中要变化四次。其二，脉冲星的信号在穿过另一个中子星附近的时候会比较费时，由此可以验证“**钟慢效应**”。其三，它会释放“**时空弯曲之波**”——引力波（关于引力波，我们将在下一节中展开解释），公转周期每年缩短 0.0001s。

恒星一生的演化

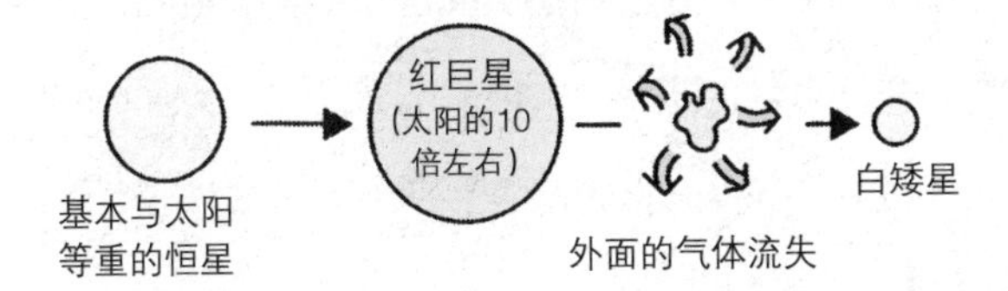

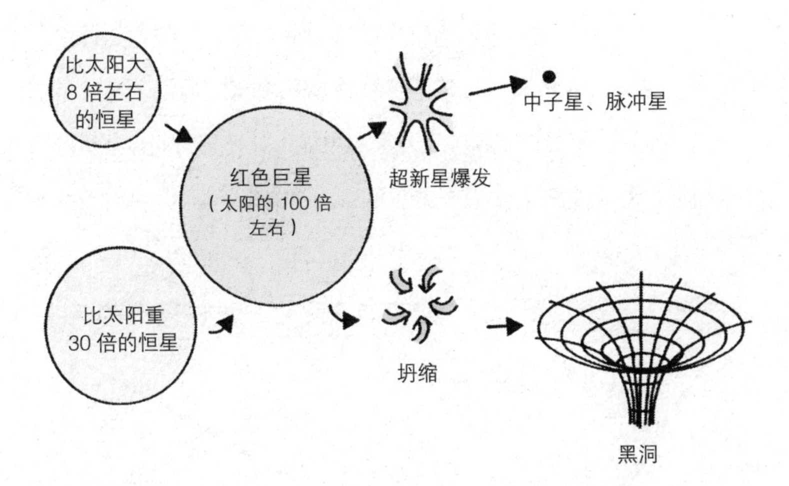

中子星

有一种恒星，其质量在太阳的 6~8 倍以上，当其演化到末期时会引发超新星爆发。爆发后恒星的密度加大，电子被质子吸收，内部主要由中子构成，变成中子星。

中子星的大小一般，半径大约只有 10km，每立方厘米可重达 1000000000t（恰好与富士山的质量差不多）。其中，自转速度极快的中子星被称作“脉冲星”。转速较快的脉冲星自转一圈大概只需 0.01s。

1916 年，爱因斯坦完成了论文《广义相对论基础》，而后又在广义相对论的基础上预言了引力波的存在。但是，爱因斯坦刚刚公布这个预言的时候还没有完备的技术能够对它进行检验。

这个引力波正是广义相对论区别于牛顿定律的关键所在。牛顿定律认为物质是引力之源，没有物质也就不会出现引力。而相对论则认为即使物质不存在时空也会发生弯曲，而且这种时空弯曲会以光速波动传播，这就是引力波。

但是，在麦克斯韦提出电磁学之前，人们认为没有电荷便不存在电磁场。麦克斯韦打破了这种传统观念上的局限，发现了电磁波在时空中传播的现象。费恩曼形象地将其评价为“破茧成蝶”。爱因斯坦的这个重大发现也同样可谓是“破茧成蝶”，使引力波突破了物质的束缚。

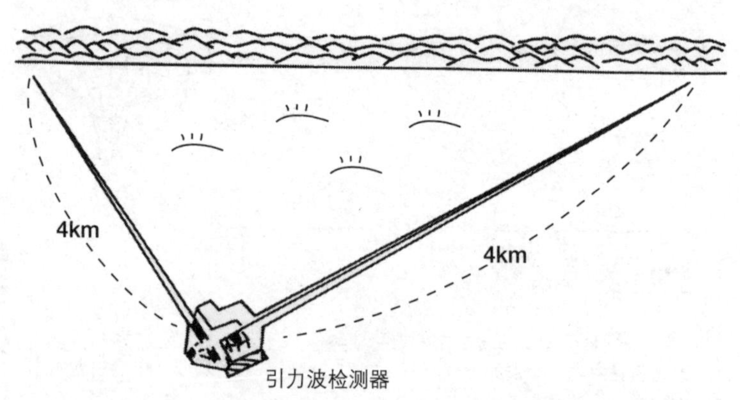

在美国已经开始了以 LIGO（激光干涉引力波天文台）规划之名进行巨大引力波检测器（臂长 4km 的激光干涉仪）的建设，并从 2002 年开始探测宇宙引力波。但是，截至 2010 年，人们并没有通过 LIGO 的运行而探测到引力波。因此，美国停止设备的运行对其进行了改良。2016 年初终于探测到了引力波。之后又有三次探测到了因黑洞合体而产生的引力波。引领这个研究队伍的科学家们因此获得了 2017 年诺贝尔物理学奖。

物体做加速度运动的时候会不停地产生引力波，这种现象与带电的电荷在做加速度运动时不断地释放电磁波很相似。只是引力波所载的能量非常低（见下图）。只有像天体等具有巨大质量的物质在进行剧烈运动时，才会产生强烈的引力波，比如天体因引力坍缩成黑洞以及中子的时候就是如此。同时我们还可以检测到，当两个中子发生合体的时候会释放出大量的金、铂等贵金属。今后引力波天文学继续发展的话，我们或许可以知道宇宙会膨胀到什么程度；或者说可能会知道宇宙的某个地方在缩小甚至消失。类似引力波传播到其他维度空间的话题大概会轰动全世界吧。全世界的引力波研究者们如今正在不断地挑战，试图弄清楚宇宙的起源、引力波和“原子引力波”的检测。

悟空一挥金箍棒便能产生引力波，
但是引力波所承载的能量却极低。

内储能量：10^{-20}W
也就是若要将 1g 的水提高 0.001℃的话需要花费 100 亿年。

“黑洞”这个词于1969年由美国物理学家约翰·阿奇博尔德·惠勒命名。

但是，科学家们对黑洞的思索其实早就开始了，最早始于1738年英国剑桥大学的学监约翰·米歇尔的一篇论文。文中写道：光若是粒子，并以有限的速度进行传播的话，那么当星球达到一定的质量，星球上的物质坚实凝结在一起的时候，星球就会拥有一个强大的引力场使光线无法传播。

在爱因斯坦完成《广义相对论基础》的第二年，德国的天文学家卡尔·施瓦西因病从第一次世界大战的战场退伍，并于次年5月逝世。但是在逝世前，卡尔·施瓦西解开了爱因斯坦关于引力场的方程式，并提出了**施瓦西半径的公式**（见下图）。根据这个公式，

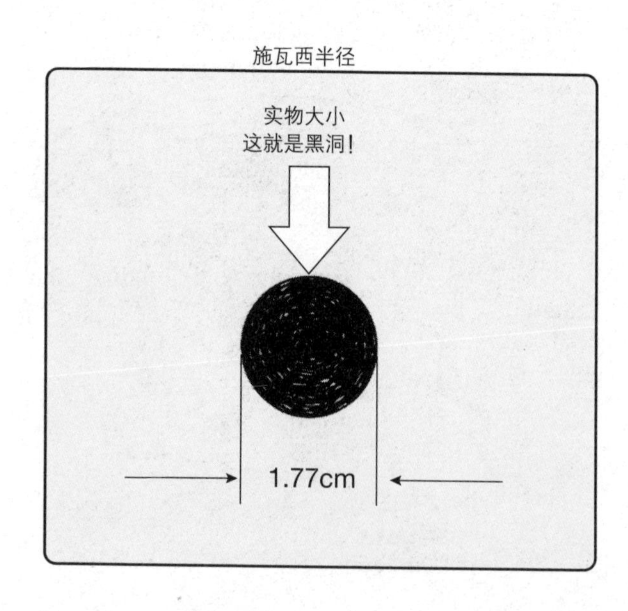

我们可以求得黑洞的大小。爱因斯坦对卡尔·施瓦西的发现感到异常惊讶，他未曾想到自己提出的方程式可以如此严密地被解开。

1930年，印度的一名大学生苏布拉马尼扬·钱德拉塞卡登船出发，前往英国剑桥大学拜师广义相对论的专家亚瑟·斯坦利·爱丁顿。苏布拉马尼扬·钱德拉塞卡就在这个船上计算出了一个具有太阳1.5倍以上引力的冰冷的天体会因无法抗衡自身的引力而爆炸，直至变成密度无限大的一个点。这个质量被称为**“钱德拉塞卡极限”**。虽然爱丁顿对此并不认可，爱因斯坦也专门撰文否定了这个说法，但是这给人们留下了一个疑问：黑洞到底是否真正存在？关于那以后科学家们对于黑洞的研究请大家参看《霍金论宇宙》(早川书房出版）一书。

- 地球的质量 $m \approx 5.974 \times 10^{27}$g
- 引力常量 $G \approx 6.67 \times 10^{-8}$dym/cm
- 光速 $c \approx 3 \times 10^{10}$cm

将以上三个参数代入施瓦西半径公式

$$r = \frac{2MG}{c^2}$$

天体的质量 =M

引力常量 =G

光速 =c

地球衰变成黑洞时的半径 r 为：

$$\frac{2 \times 5.974 \times 6.67 \times 10^{20}}{9 \times 10^{20}} \approx 0.885$$

也就是说，若将地球半径压缩到 0.89cm，那么地球将变成黑洞。

（引自石原藤夫、金子隆一，《科学入门版相对论解析研讨》，日本实业出版社，1984。）

在广义相对论诞生之前，时间和空间只是单纯的容器，是一开始便已存在的东西，一般都是从形而上学及哲学的角度被拿出来讨论的，而并非是作为物理学的研究对象。而广义相对论诞生之后，研究人类居住的整个宇宙的时空构造及其演化都变成了可能。爱因斯坦自己在完成这个理论后便意识到了这一点，并开始了宇宙论的研究。

爱因斯坦和当时很多人一样，相信宇宙是永恒不变的。也就是大家都有的一种信念：大自然是单纯而美好的。因此，为了能够支撑广义相对论中提出的宇宙会因引力而发生收缩的结论，爱因斯坦**在引力场的方程式中又增加了一项宇宙常数，即空荡无存的空间之间具有相互排斥的作用力**。因此，爱因斯坦于1917年，根据宇宙常数使引力和“**宇宙排斥力**”相平衡，提出了宇宙既不收缩也不膨胀的观点，创造了一个爱因斯坦的**静态宇宙模型**。此时，爱因斯坦作为宇宙模型的创始者，认为自己已无限接近于神。

但是，1922年苏联物理数学家亚历山大·弗里德曼发现了广义相对论引力场方程式中的一个重要的解，显示宇宙会膨胀或者收缩。爱因斯坦却不相信这个结论，同时对同样预言了宇宙膨胀的比利时神父勒梅特也进行了呵斥，认为他没有物理天赋。

1929年，美国的天文学家埃德温·哈勃证实了宇宙膨胀论。然而爱因斯坦却去掉了方程式中的宇宙常数，并断言引入宇宙常数是他人生最大的失败。

斗转星移。如今，宇宙常数已成了宇宙诞生论、宇宙膨胀论的最基本要素。而且，与古老天体的寿命相比，要延长宇宙寿命的话，现在的宇宙还是保留宇宙常数为好。

正是宇宙常数（也称作宇宙项）掌握着宇宙创生的关键，这一点已经由日本的宇宙物理学者、东京大学名誉教授佐藤胜彦证实了。在此顺便一提，膨胀后的宇宙在 38 万年内都将处于高温高密度状态，并且看不到光。

但是，引力波有一种可以穿透所有物质的属性，所以科学家们认为原始的引力波如今还飘荡在宇宙中。若能检测出原始引力波，那么宇宙膨胀便能最终得到验证。如此一来，佐藤教授一定会因此而获得诺贝尔奖吧。

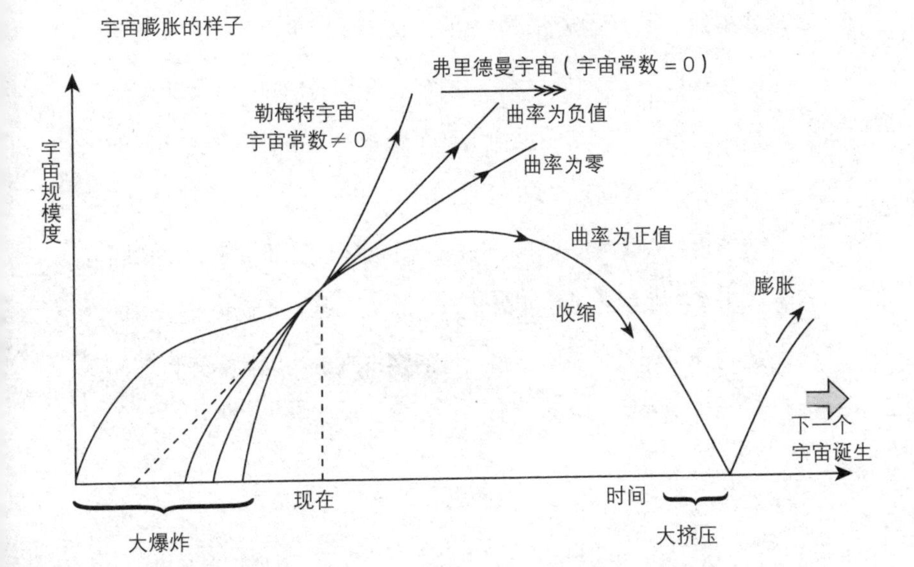

上一节中已提到，弗里德曼和勒梅特都解开了爱因斯坦的方程式并发现宇宙会膨胀，他们都认为宇宙起初是冰冷的。与这种观点相对的是，乔治·伽莫夫在1946年提出从现在宇宙中的元素分布来看，宇宙应该始于一个大火球。1965年，科学家们发现了“3K宇宙背景辐射”，找到了宇宙曾是火球的证据。

大爆炸理论是以爱因斯坦的广义相对论以及基于广义相对论的哈勃膨胀宇宙、3K宇宙背景辐射这两大观测的事实为基础而建立起来的。该理论被视为描绘宇宙发展历史的“标准模型”。但是，在这个大爆炸理论中还存在一个极大的问题亟待解决。如果只是单纯地回溯宇宙膨胀的话，那么宇宙的曲率、温度及密度都是由无限大的一点开始发展起来的。一般人大概会想，这也没什么问题啊。但是，有物理学家对此感到十分困惑，并因此提出了振荡宇宙模型。也就是说，宇宙会收缩，但是它的曲率、温度、密度不会无限变大，而是在某一个时间点密度会变大、温度会变高、压力也会变大。其结果便是，宇宙发生反弹出现了膨胀的状态，而这个膨胀的状态又在某一个时间点收缩了回去。

然而，在1965—1970年，霍金和罗杰·彭罗斯利用广义相对论证明了膨胀的宇宙一定始于一个奇点，也就是说振荡宇宙的说法是完全不成立的。广义相对论的宇宙观认为，大爆炸以前并不存在宇宙。这真是有意思啊！

标准宇宙模型

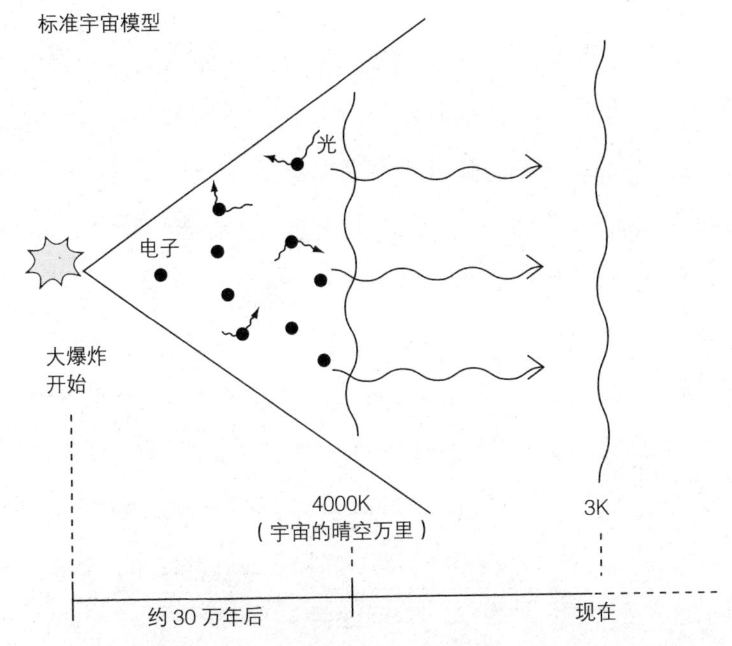

大爆炸前后的宇宙处于超高温状态，四处充满了原子核形态的物质及电子，不停地膨胀着，并且是不透明的。大约在大爆炸发生后的 30 万年后，电子被吸入了原子之中，光线开始可以直接传播照射。
这种状态被称为“宇宙的晴空万里”。为什么这么说呢？因为这就好比迷雾散去后万里无云，光线可以直接照射进来了。

弗里德曼的宇宙模型

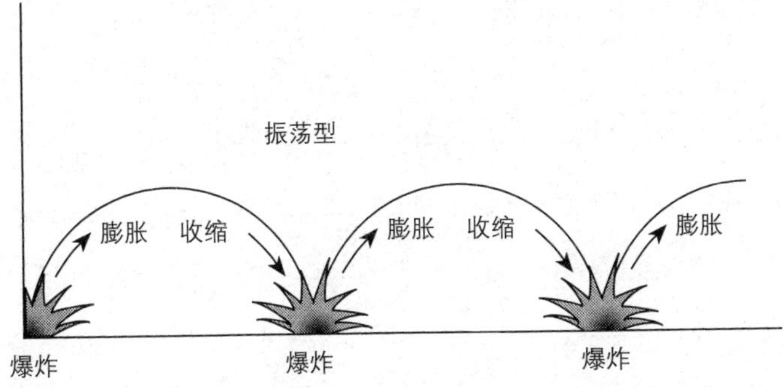

上图所示为许多道从刚放晴的宇宙中发射出来的完全一样的电波。在地球上无论哪个时间点、哪个方向都是 3K，所以叫作 3K 宇宙背景辐射。K 是指绝对温度。绝对零度相当于零下 273℃。

宇宙膨胀是什么?

宇宙诞生之初有一股真空能量!

“宇宙一定是从某个点开始的”这个**奇性定理**的证实，给20世纪70年代的大爆炸理论带来了很大的难题。随后解决了这个难题的是**“膨胀理论”**。佐藤胜彦教授在迅速发展起来的力的大统一理论的基础上，提出了宇宙诞生初期充满了真空能量的观点。将这种真空的能量代入爱因斯坦方程式中，解得一个真空能量与万有引力常数的乘积。这个乘积正是宇宙常数。

我们在前面第112页中已经提及，宇宙常数是爱因斯坦用来回击宇宙收缩说法时提出的概念。空荡荡的空间之间相互排斥产生作用力，这种作用力虽然很小，但是真空的能量是与之相对应的，将其代入公式之后，会发现宇宙拥有一股强大的力量正在膨胀着，岂止是一点点支撑。10^{-34}秒的时间内宇宙便会增大10^{43}倍，这不正是膨胀嘛!

因为宇宙会极度膨胀，所以其中难以解决的问题之一“平坦性问题”很快就得到了解决。我们人类所居住的领域若仅仅是庞大的宇宙体系中的极小一部分，那么这个区域很平坦、曲率为零也就没什么不可思议的了。

有一个关于地平线的问题，就是为什么我们的宇宙看起来都是一样的?地平线在宇宙创生之时便已存在，因膨胀而突然无限扩张至数百亿光年的大小。如此一来便解决了前面的地平线问题。

银河系、超星系团，或巨壁等宇宙中的巨大结构也都是源自很小的一块领域，在这块领域上放射微弱的引力波，这些引力波慢慢扩张牵拉之后，形成了这些巨大结构。

宇宙膨胀解决的三大问题

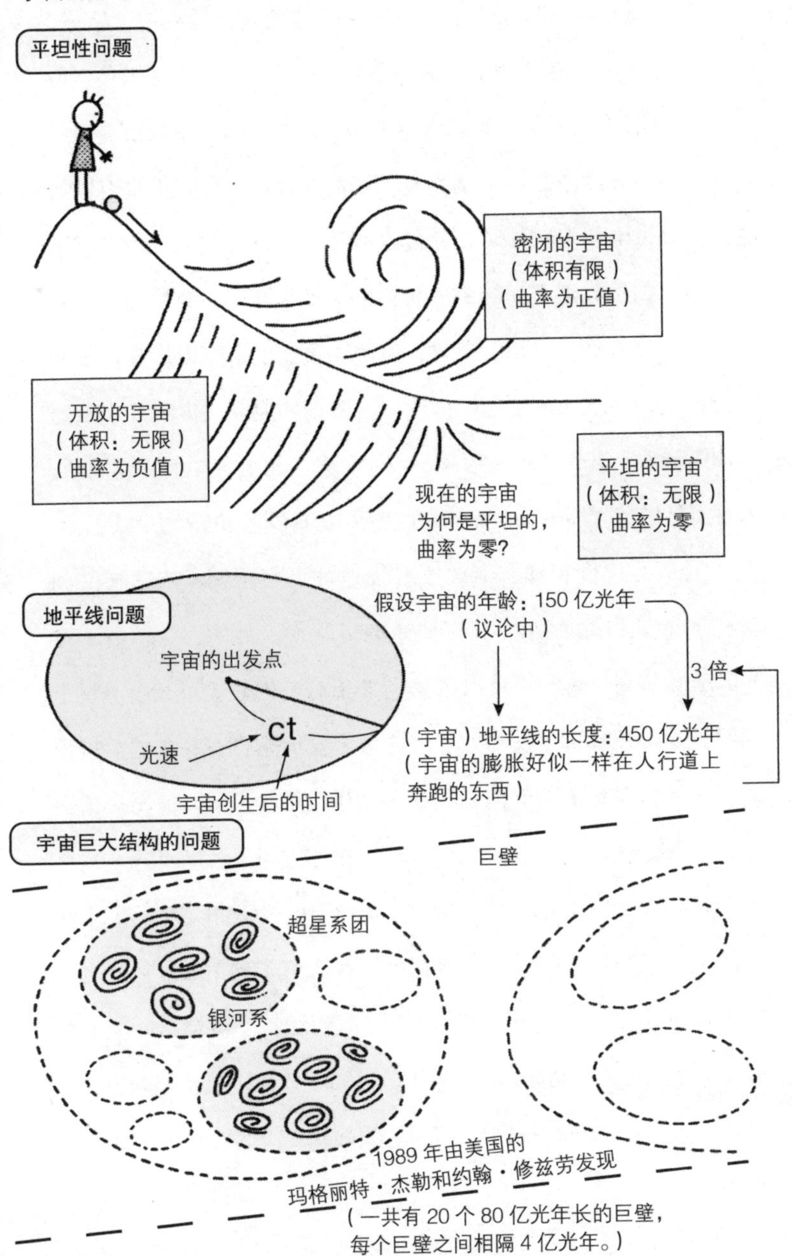

汽车导航也源于相对论

我们所有人都生活在相对论的世界之中

众所周知，汽车导航是一项利用全球卫星定位系统（Global Positioning System）发射的电波来定位汽车的技术。全球卫星定位系统有 24 颗搭载了原子钟的人造卫星。这些人造卫星都由美国发射到距离地面约 20000km 的高空。我们在地面上接收来自卫星的电波，通过电波发射的时刻和接收信号的时刻之间的差，可以求得从卫星到接收器之间的距离。然后在接收器上安装精确度没有原子钟高但价格较低的石英钟，使用 4 颗卫星来把握接收器上时钟的误差，导航的电脑程序很快就能解开四元联立方程式来确定汽车的位置。若光速不变原理不成立，光速根据方向而变化的话，通过卫星和接收器的关系而测定的距离差不多有 20km 的误差。

卫星的速度很快，半天便可绕地球运转一圈。依据狭义相对论的效应可知，运动中的时钟走得较慢。另外，卫星由于在 20000km 的高空运行，所以依据广义相对论的效应可知，卫星上的时钟走得比地面上的要快。将这两个效应结合在一起之后得出的结论是：卫星上的时间走得比较快（见第 56 页）。美国全球卫星定位系统中的卫星补足了这一点，因而美国十分引以为豪。

国际原子时（TAI）的基本单位小于 100 万亿分之一，每个时钟的引力系统带来的时间快慢都可以修正精确到 100 万亿分之一以下。同时又因为光速有限，所以地球的运转多少会给时间的快慢带来影响，而且这个影响的大小在 100ns 以上。这个偏差也已经得到了改善。可见，我们早已生存在泛美时代的背景下的相对论世界里了。

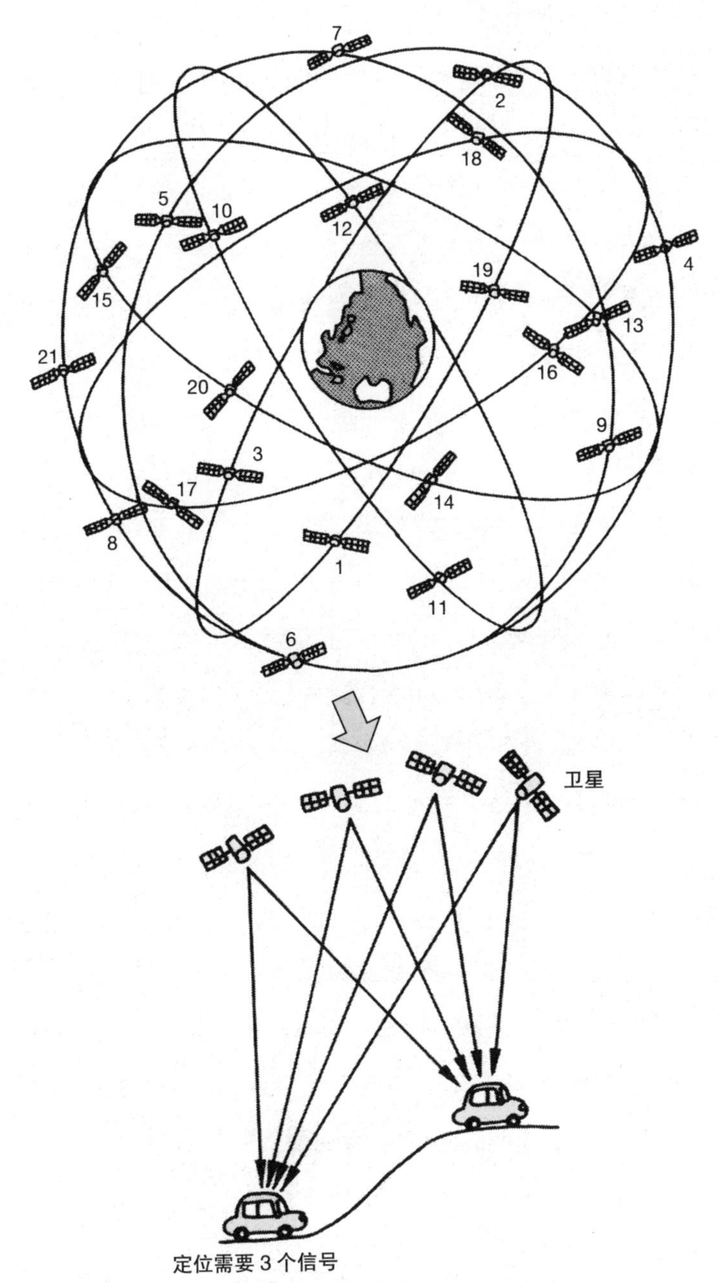

同时从 3 个及以上的卫星接收电波信号来进行定位

结语

相对论结合量子力学深入研究了微观的时空，探索了宏观的宇宙。但是，爱因斯坦自身很讨厌量子力学，他认为“上帝不会做冒险的事情”，因而他至死都反对量子力学那种随机性的预测。

假如我们将狭义相对论和量子论结合在一起来进行研究，便会出现并发散出“无限大”的情况。而一旦出现“无限大”这种情况，我们便无法得到计算结果。但是，如果用有限的实验值替换“无限大”的话,一切都可以顺利运算。我们将这种方法叫作“重正化理论”。

然而，重正化理论在广义相对论的时空中解释不通。这就像是打地鼠，我们拍打露出脸的“无限大”的地鼠，让它缩回洞里，但是它又会从其他地方突然探出来。如此往复。

狭义相对论和量子论的结合能够重正。这是因为光子和电子等基本粒子处于没有重力的平坦的时空里，所以用“重正”稍微调整一下就可以解决问题了。但是，在有重力的广义相对论里面时空本身就是歪曲的。这就像是我们从对角线来平整皱皱巴巴的床铺一样，即使摆弄好了一处，其他地方依然会起皱。想要矫正时空的歪曲，我们需要根本性的解决方法。

爱因斯坦坚信他自己创立的广义相对论，对量子力学持有怀疑态度。他相信斯宾诺莎的神学阐释，“支配自然界的规则之美与合理的统一性”。另外，量子力学阵营的代表人物尼尔斯·玻尔则深受克尔凯郭尔“存在主义”的影响。（顺便一提,斯宾诺莎的《伦理学》参考了欧几里得的几何学构成。）

相对论自从脱离了爱因斯坦之后，开始和量子力学一起活跃于世界舞台上，在这个舞台上表演的是那些泛美时代的“演员”。

泛美时代人们一边将相对论视为宇宙存在的根据，一边又受到量子力学时空歪曲这一认识的动摇，这其中形成了一股强大的力量。

当人们想要试着将广义相对论和量子力学统合时，便会出现时空皱褶的问题。不过，这个问题可以通过量子场来得到解决。时空具有量子场，量子场内部构造中的每个点都会呈动态振动。只要在比皱褶规模小很多的小场域内事先给予运动的影响，我们就能够阻止皱褶的产生。这便是量子重力理论。松浦壮在其《时间为何物——最新物理学探索“时间”的原形》（讲谈社 2017 年刊）一书中指出，量子重力理论就好比是 iPS 细胞。我们人类身上的细胞各司其职，心脏归心脏的，皮肤归皮肤的，每个部位的细胞都拥有各自不同的功能，而 iPS 细胞能够让所有细胞恢复分化的能力。同理，量子重力理论指的是：宇宙刚出现的瞬间既没有时空也没有量子场，而是处于一种未知的形态。宇宙的每部分构成在其进化发展的过程中慢慢形成了固定的作用，并有了现在的时空和量子场。

松浦教授表示这归根结底只是一个比方而已，但这个比方却让我感到非常兴奋。按松浦教授的这个说法，现在已成形的时空和量子场构成的世界舞台上演绎的泛美时代可以再次重启。这么一来，我们不就可以重新建构宇宙开启的瞬间了吗？但是，这样的话，泛美时代本身可能会瓦解。泛美时代能够应对得了这样的挑战吗？